高等院校计算机类规划教材

全国高等院校计算机基础教育研究会重点立项项目

U0309713

# Python 程序设计基础

主　编　顾鸿虹　于　静

副主编　陈儒敏　顾玲芳

参　编　杨　娜　张　虹　冯　瑶　沈加锐

北京邮电大学出版社

www.buptpress.com

# 内 容 简 介

本书从程序设计的基础概念出发,基于 Windows 系统和 Python 3.6 搭建程序开发环境,通过编写 Python 程序代码讲解程序设计的相关内容,强调计算思维的培养。全书共 6 章,内容包括程序设计与程序设计语言、Python 基础、程序结构控制、函数与模块、turtle 库的应用和文件处理。书中各章将所涉及的知识点与相应示例代码有机结合,注重应用实践。本书在附录中提供了全国计算机等级考试(NCRE)二级的 Python 语言程序设计科目的模拟题。

本书内容由浅入深,循序渐进,同时本书为读者提供了丰富的程序案例。本书可作为高等院校,特别是应用型本科院校程序设计基础课程的教学用书,也可作为程序设计初学者或是对 Python 感兴趣的自学者的参考教程。

**图书在版编目(CIP)数据**

Python 程序设计基础 / 顾鸿虹,于静主编 . -- 北京 :北京邮电大学出版社,2020.4 (2023.3 重印)
ISBN 978-7-5635-6032-5

Ⅰ.①P…　Ⅱ.①顾…②于…　Ⅲ.①软件工具—程序设计　Ⅳ.①TP311.561

中国版本图书馆 CIP 数据核字(2020)第 055243 号

策划编辑:马晓仟　　责任编辑:徐振华　王小莹　　封面设计:七星博纳

出版发行:北京邮电大学出版社
社　　　址:北京市海淀区西土城路 10 号
邮政编码:100876
发 行 部:电话:010-62282185　传真:010-62283578
**E-mail**:publish@bupt.edu.cn
经　　销:各地新华书店
印　　刷:保定市中画美凯印刷有限公司
开　　本:787 mm×1 092 mm　1/16
印　　张:10
字　　数:235 千字
版　　次:2020 年 4 月第 1 版
印　　次:2023 年 3 月第 5 次印刷

ISBN 978-7-5635-6032-5　　　　　　　　　　　　　　　　　定价:26.00 元

# 前　　言

随着新工科建设要求的提出,以及大数据和人工智能应用研究热潮的兴起,Python程序设计语言因其简单易学、易用、易维护且功能强大,在大数据和人工智能研究领域被广泛应用,同时也被广泛应用于各种应用程序的开发。Python语言是一种开源的解释型高级程序设计语言,支持面向对象,具有丰富强大的库,并且能够与多种程序设计语言完美融合。

本书从程序设计的基础概念出发,基于 Windows 系统和 Python 3.6 搭建程序开发环境,通过编写 Python 程序代码讲解程序设计的相关内容,将各知识点与相应示例代码有机结合,由浅入深,循序渐进。书中具有丰富的程序案例及编程思路的解析,有利于对程序的理解和计算思维的培养。

全书共包含 6 章,具体内容如下。

第 1 章是程序设计与程序设计语言,介绍了程序、程序设计及程序设计语言的概念,讲解了常用程序的设计方法(IPO程序设计方法)和算法流程图的绘制,简单介绍了 Python 的发展和特点,详细介绍了 Python 开发环境的安装与配置以及使用 Python 自带IDLE编写和运行 Python 程序的方法。

第 2 章是 Python 基础,介绍了 Python 程序的格式框架,包括辅助性信息、缩进和续行等;详细讲解了变量与变量的赋值;重点介绍了 Python 中所支持的简单数据类型(数字型、非数字型)、Python 中不同数据类型的数据运算处理方法,以及不同数据的格式化输出方法;介绍了组合数据类型数据及其操作方法。

第 3 章是程序结构控制,介绍了程序的三种基本结构——顺序结构、分支结构和循环结构;详细介绍了三种程序结构的特点和语法结构;通过分析例题的详细解题思路重点讲解程序设计方法;介绍了循环中 continue、break 和 else 语句的使用方法;介绍了 Python 程序中进行异常处理的方法。

第 4 章是函数与模块,首先介绍了使用函数的意义,然后介绍了 Python 语言中定义函数的方法以及调用函数的方法,其中详细地讲解了函数的参数和函数的返回值,最后由函数提出了变量作用域的相关知识并提供了函数应用的简单示例。本章在函数的基础上,进一步介绍了通过模块封装程序的方法,并详细介绍了 random 标准库的使用。除了标准库外,第 4 章还介绍了第三方库的安装方法和使用方法,包的相关概念以及搜索路径的配置。

第 5 章是 turtle 库的应用,详细介绍了 turtle 库的使用,通过丰富的示例代码讲解了各种常用函数的使用方法,并通过使用 turtle 绘图的案例帮助读者建立程序设计的逻辑思维。

第 6 章是文件处理,介绍了使用 Python 语言操作文本文件的常用函数〔如 open()、read()、readline()和 readlines()等〕,介绍了文件处理中常用的 os 模块和 os.path 模块。

本书的附录Ⅰ列举了 Python 中的标准异常类型,附录Ⅱ提供了丰富的全国计算机等级考试二级模拟题。

本书第 1 章由顾鸿虹、沈加锐编写,第 2 章由陈儒敏、顾玲芳编写,第 3 章、附录Ⅰ由杨娜编写,第 4 章由冯瑶、顾鸿虹编写,第 5 章由张虹编写,第 6 章由于静编写,附录Ⅱ由于静、陈儒敏编写。全书由顾鸿虹负责内容结构设计和统稿工作。

由于编者水平有限,书中难免有疏漏之处,恳望读者批评指正。

编　者

# 目　　录

第1章　程序设计与程序设计语言 ················································· 1

　1.1　概述 ················································································· 1

　　1.1.1　程序定义 ······································································ 1

　　1.1.2　程序设计语言 ······························································· 2

　　1.1.3　程序设计方法 ······························································· 4

　1.2　Python 简介 ········································································ 7

　　1.2.1　Python 的发展 ······························································· 7

　　1.2.2　Python 的特点 ······························································· 8

　1.3　Python 环境安装与配置 ·························································· 9

　　1.3.1　Python 环境安装 ····························································· 9

　　1.3.2　添加环境变量 ······························································· 12

　　1.3.3　Python 程序的编写与运行 ·················································· 13

　习题 ······················································································ 16

第2章　Python 基础 ··································································· 17

　2.1　Python 程序格式框架 ····························································· 17

　　2.1.1　辅助性信息 ································································· 18

　　2.1.2　缩进 ·········································································· 18

　　2.1.3　续行 ·········································································· 19

　2.2　变量与变量的赋值 ································································· 20

　2.3　基本数据类型 ······································································ 21

2.3.1 数字类型 ……………………………………………………… 21

2.3.2 非数字类型 …………………………………………………… 22

2.3.3 变量数据类型查看及类型转换 ……………………………… 24

2.3.4 input()函数与 eval()函数 ………………………………… 26

2.4 数值运算 …………………………………………………………… 27

2.5 print()函数与格式化输出 ……………………………………… 34

2.5.1 格式化浮点数输出 ……………………………………………… 34

2.5.2 格式化整数输出 ………………………………………………… 36

2.5.3 格式化字符串输出 ……………………………………………… 37

2.5.4 f-string 格式化 ………………………………………………… 38

2.6 组合数据类型 ……………………………………………………… 40

2.6.1 字符串 …………………………………………………………… 40

2.6.2 列表 ……………………………………………………………… 45

2.6.3 元组 ……………………………………………………………… 50

2.6.4 字典 ……………………………………………………………… 52

2.6.5 集合 ……………………………………………………………… 55

习题 …………………………………………………………………… 58

第 3 章　程序结构控制 …………………………………………… 60

3.1 顺序结构 …………………………………………………………… 61

3.2 分支结构 …………………………………………………………… 62

3.2.1 单分支语句 ……………………………………………………… 62

3.2.2 双分支语句 ……………………………………………………… 64

3.2.3 多分支语句 ……………………………………………………… 65

3.2.4 分支嵌套 ………………………………………………………… 67

3.3 循环结构 …………………………………………………………… 69

3.3.1 while 语句 ……………………………………………………… 69

3.3.2 for 语句 ………………………………………………………… 71

3.3.3 break 语句和 continue 语句 ………………………………… 73

3.3.4　循环嵌套 ……………………………………………………… 74

3.3.5　循环语句中 else 的使用 ……………………………………… 77

3.4　异常处理 ……………………………………………………………… 78

3.4.1　try…except 语句 ……………………………………………… 78

3.4.2　try…finally 语句 ……………………………………………… 80

3.5　综合应用 ……………………………………………………………… 81

习题 ……………………………………………………………………… 86

**第 4 章　函数与模块** ……………………………………………………… 87

4.1　函数 …………………………………………………………………… 88

4.1.1　函数的定义与调用 ……………………………………………… 89

4.1.2　函数的参数 ……………………………………………………… 90

4.1.3　函数的返回值 …………………………………………………… 93

4.1.4　变量的作用域 …………………………………………………… 93

4.1.5　函数应用 ………………………………………………………… 96

4.2　模块 …………………………………………………………………… 99

4.2.1　模块的导入 ……………………………………………………… 99

4.2.2　random 标准库 ………………………………………………… 101

4.2.3　第三方库 ………………………………………………………… 106

4.2.4　包 ………………………………………………………………… 107

4.2.5　搜索路径 ………………………………………………………… 108

习题 ……………………………………………………………………… 109

**第 5 章　turtle 库的应用** ………………………………………………… 110

5.1　turtle 常用函数 ……………………………………………………… 110

5.2　使用 turtle 绘制图形 ………………………………………………… 116

习题 ……………………………………………………………………… 123

**第 6 章　文件处理** ………………………………………………………… 124

6.1　文件基础操作 ………………………………………………………… 124

    6.1.1　文件的打开与关闭 ……………………………………………………… 125

    6.1.2　文件的读写 …………………………………………………………… 126

    6.1.3　使用 with 打开文件 …………………………………………………… 130

  6.2　os 模块及 os.path 模块 ……………………………………………………… 131

    6.2.1　os 模块 ………………………………………………………………… 131

    6.2.2　os.path 模块 …………………………………………………………… 133

  6.3　文件读写应用 ………………………………………………………………… 134

  习题 ………………………………………………………………………………… 138

参考文献 …………………………………………………………………………… 139

附录Ⅰ　Python 标准异常 ………………………………………………………… 140

附录Ⅱ　全国计算机等级考试二级模拟题 ……………………………………… 142

# 第1章 程序设计与程序设计语言

**本章要点**

- *计算机程序的概念。*
- *程序设计方法：IPO 程序设计方法和算法流程图。*
- *Python 开发环境的安装与使用。*
- *Python 程序的编写与运行。*

## 1.1 概　　述

计算机程序设计是以某种程序设计语言为工具，给出解决某一特定问题的计算机程序的过程。

### 1.1.1 程序定义

现代汉语词典里对"程序"的解释是事情进行的先后次序。我国 2016 版国家标准《质量管理体系基础和术语》中对于"程序"的定义是为进行某项活动或过程所规定的途径。上述不论是哪一种解释，都蕴涵着为完成某件事情而要经历的方法流程。而本书中所说的程序则专指计算机程序。计算机俗称电脑，是一种能够自动、高速处理海量数据的现代化智能电子设备，具有存储记忆功能。计算机之所以能够自动处理数据正是因为其中存储了相应的控制程序，使用时通过程序指挥计算机的各个部分协同工作完成数据处理工作。

【例 1-1】 turtle 绘图演示。

```
#1-1.py
from turtle import *

setup(840,500)
speed(5)
pensize(4)
hideturtle()
colormode(255)
color(255,155,192)
penup()
```

1

```
goto(-69,167)
pendown()
begin_fill()
setheading(180)
circle(300,-30)
circle(100,-60)
circle(80,-100)
circle(150,-20)
circle(60,-95)
setheading(161)
circle(-300,15)
end_fill()
color(239,69,19)
penup()
goto(-20,30)
pendown()
setheading(-80)
circle(30,40)
circle(40,80)
done()
```

将例题中的程序运行起来,会看到有"画笔"在屏幕中自动绘图,而这支画笔的动作就是由上述计算机程序来指挥控制实施的,你能对照运行过程猜出上述程序中的每一行在做什么吗?

所谓计算机程序,是指使用特定语言编写的,运行在计算机上的一组能够指挥计算机完成某种工作指令的集合。例 1-1 是一段用 Python 语言编写的计算机程序。

### 1.1.2　程序设计语言

程序设计是给出解决特定问题的程序的过程。程序需要使用某种特定的程序设计语言作为工具进行编写,因此程序设计的学习必须借助于一种程序设计语言,例 1-1 所使用的 Python 语言即为本书所采用的程序设计语言。

程序设计语言是用于与计算机进行交互(交流)的人造语言,也称编程语言。程序设计语言由一组符号和特定的规则组成,人类将这些符号按照相应的规则组织起来,形成计算机能够理解的指令,指挥计算机工作。程序设计语言比自然语言更简单、更严谨、更精确。历史上出现的程序设计语言有上千种,这些程序设计语言被分为 3 大类:机器语言、汇编语言和高级语言。

#### 1. 机器语言

机器语言使用二进制代码表示机器指令,是计算机能够直接识别和执行的一种程序设计语言。使用机器语言时,程序员们将用 0、1 数字编成的程序代码打在纸带或卡片上

（1打孔，0不打孔），再将程序通过纸带机或卡片机输入计算机进行运算处理。因为计算机能够直接执行二进制指令，所以机器语言是运行效率最高的程序设计语言，但是机器语言使用0、1二进制代码表示，使得编写、阅读和修改机器语言代码变得十分困难，而且机器语言与硬件关联紧密，不同型号的计算机其机器语言不能通用，因此，除特别需求外，如今的编程人员不会学习机器语言。

**2. 汇编语言**

汇编语言是一种用于电子计算机、微处理器、微控制器或其他可编程器件的低级语言，亦称为符号语言，它使用助记符代替机器指令的操作码，用地址符号代替指令或操作数的地址。不同的设备有对应不同机器语言的一整套指令，称为指令集。执行使用汇编指令编写的程序时，需要先通过汇编编译器将汇编指令转换成机器指令，然后指挥计算机完成相应的操作。汇编语言在一定程度上改善了程序的可读性，但开发效率依然较低，它和机器语言一样是面向机器的低级语言，所编写的程序仍然缺乏可移植性，也不易维护。

在实际应用中，汇编语言通常被应用在底层，包括硬件操作和有高时效性要求的程序，如驱动程序、嵌入式操作系统和实时运行程序。

**3. 高级语言**

高级语言是相对于低级语言而言的，是高度封装的程序设计语言，与计算机的硬件结构及指令系统无关，更接近于人类的自然语言，这使程序的编写更容易，可读性更高，更加易于学习。目前流行的高级编程语言多是基于英语的，20世纪80年代开始，我国以沈志斌为代表的研究人员也积极开发汉语程序设计语言，如汉编、易语言和习语言等，但近年来一直未见推广，也未再进行更新升级。

高级语言并不是特指的某一种具体的语言，而是包括很多编程语言，如流行的C、Java、C++、Python等。高级语言所编写的程序称之为源程序，源程序不能直接被计算机识别，必须转换成机器语言才能被执行，按照转换方式的不同可将高级语言分为两类：解释型语言和编译型语言。

（1）解释型语言

解释型语言编写的源程序在运行时，需要由专门的解释器将源代码逐条解释，边解释边执行，如图1.1所示。

图1.1　解释执行过程

解释型语言源程序不能生成可独立执行的可执行文件，不能脱离解释器，每执行一次都要翻译一次，因此效率比较低，但可以动态地调整、修改源程序，比较灵活。Python语言属于解释型语言。

（2）编译型语言

编译型语言在源程序执行之前，先将源代码一次性整体编译成目标代码（机器语言）文件，执行时，直接执行目标代码即可，如图1.2所示。

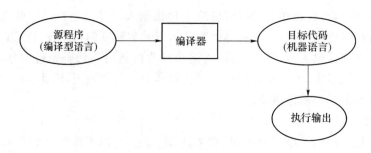

图1.2 编译执行过程

目标程序可以脱离源程序独立执行,使用比较方便、效率较高,但应用程序一旦需要修改,则必须先修改源代码,再重新编译生成新的目标文件后才能执行,如果没有源代码,将无法修改。现在大多数的高级语言都是编译型语言,如 C、C++、Java 等。

虽然历史上出现了上千种程序设计语言,但大多语言由于应用领域狭窄或兼容性差等原因导致生命力不够强劲,已经停用,C 语言是第一个被广泛使用的编程语言,直到今天也还在使用。而 Python 语言自从 20 世纪 90 年代初诞生至今,特别是在经历过版本升级之后,因其简洁性、易学易用性、可扩展性以及与其他流行程序设计语言程序的易结合性,迅速成为最流行、最好用的编程语言之一。

### 1.1.3 程序设计方法

程序设计的过程是在提出问题后,思考解决问题的流程,也是通过在计算机上运行某种程序设计语言编写成的程序来解决问题的过程,也就是说,程序设计应当包括问题分析、算法设计、程序编写、程序调试和升级维护五个阶段。

算法设计是程序设计的核心,算法即指解决问题的方法步骤。做任何事情都有一定的步骤。例如,在数学运算中要遵循先乘除后加减的步骤;生活中要乘坐火车时,首先要购买车票,然后按时到达火车站取票,检票上车。解决问题的步骤都是按照一定的顺序进行的,当遇到的问题规模越庞大时,步骤也就越复杂,这时就需要通过一些方式把步骤描述记录下来,以便后续按照步骤执行。

为了描述记录一个算法,可以用不同的方式。常用的方式有自然语言、流程图、伪代码、PAD 图等,其中较为常用的是传统算法流程图。在传统算法流程图中使用 ANSI(美国国家标准化协会)规定的标准符号来表示各种类型的操作,常用符号如图 1.3 所示。

算法流程图表示程序各步骤的内容以及它们之间的关系和执行的顺序,一个规范的流程图应该从唯一的椭圆代表的开始,按照有指向箭头的流程线,沿着唯一确定的路径经过若干矩形框代表的一般处理或菱形代表的逻辑判断,到达唯一的椭圆代表的结束。流程图应该足够详细,但一些常用简单的处理功能可以适当合并,以便可以顺利写出程序或检查程序的正确性。

另外,北京理工大学计算机学院副教授嵩天在他的《Python 语言程序设计基础》(第 2 版)中提到了 IPO 程序设计方法,指出每个程序都有统一的运算模式:输入数据(Input)、处理数据(Process)和输出数据(Output)。

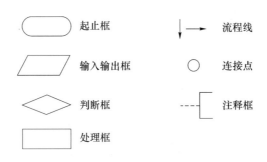

图 1.3　算法流程图常用符号

　　输入是用来为程序提供要处理的数据的,输入的方式有多种,包括控制台输入、文件输入、交互界面输入、随机数输入、网络输入等,本书后续章节将介绍部分输入的具体方法。

　　输出是供程序展示处理结果的,输出的方式也有多种,包括控制台输出、交互界面输出、文件输出等。

　　处理是程序对输入的数据进行计算处理产生输出结果的过程,这一部分和算法是相通的。

　　要写出一个好程序,一定要先做好问题分析和算法设计,然后再开始编写程序。

　　【例 1-2】　基本信息调查程序设计。

　　问题描述:利用计算机程序调查收集学生的基本信息,包括学生的学号、姓名、计算机技能程度(陌生、一般、较好、熟练),将收集的信息整理为一段文字输出,如"学生张三的学号为 19050601,计算机操作熟练"等。

　　问题分析:要实现一个基本信息调查程序,第一,确定这个程序要给谁用;第二,了解使用者的目的是什么;第三,考虑使用者要怎么用。根据问题描述,这个程序是要收集学生的基本信息,所以使用者应为学生或者掌握学生信息的人;使用的目的是收集某位学生的学号、姓名、计算机技能程度的具体信息;当运行基本信息调查程序时,程序应逐一获取使用者提供的学号、姓名和计算机技能程度信息,然后将收集的信息整理在一起,形成一段文字描述显示给使用者。

　　程序设计:

　　(1) IPO 描述。

　　分析程序在运行过程中,需要输入什么数据、如何处理数据以及要输出什么。

　　① Input(输入):

　　使用者输入学号;

　　使用者输入姓名;

　　使用者输入计算机技能程度。

　　② Process(处理):

　　将使用者输入的学号、姓名、计算机技能程度信息保存并整理为一段文字。

　　③ Output(输出):

　　将整理好的文字信息输出显示给使用者。

(2) 使用算法流程图,如图 1.4 所示。

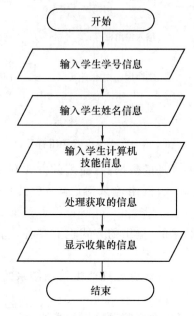

图 1.4　算法流程图

Python 程序实现:

```
#1-2.py
#获取信息(控制台输入)
#提示输入"学号",并将使用者输入的信息保存到 stuNum
stuNum = input("学号:")
stuName = input("姓名:")
stuCom = input("计算机技能(陌生、一般、较好、熟练):")


#处理信息,将学号、姓名以及计算机技能按要求拼接为一段文字描述
info = "学生" + stuName + "的学号为" + stuNum + ",计算机操作" + stuCom


#显示信息(控制台输出)
print(info)
```

程序运行结果如图 1.5 所示。

学号:19050601
姓名:张三
计算机技能(陌生、一般、较好、熟练):熟练
学生张三的学号为19050601,计算机操作熟练
>>>

图 1.5　基本信息调查程序运行结果图

在程序设计过程中,问题的分析、算法的设计尤为重要,而算法流程图和IPO方法只是描述算法的常用方法,实际中,可以根据程序的复杂度选择适当的表示方法,也可采用多种方法相结合,算法描述不应过于详细,也不能简而化之,过于粗鲁,每一个图例应能清晰反应一行或一段功能明确的代码,有效地为后续代码的编写提供参考。

## 1.2　Python 简介

Python 语言是一种开源的解释型高级程序设计语言,支持面向对象,简单易学、易用、易维护、可扩展,并且能够与多种程序设计语言完美融合。

### 1.2.1　Python 的发展

Python 是由荷兰人 Guido van Rossum(吉多·范罗苏姆)在 1989 年圣诞节期间,为打发无聊时间,而开发的一个新的脚本解释语言。

Python 继承自 ABC 语言,基于 C 语言开发。Python 的第一个公开发行版发行于 1991 年,随后于 2002 年发布了 2.0 版本,自此 Python 转变为完全开源的开发方式,不同领域的开发者将不同领域的要点融入 Python,从而使 Python 获得了高速的发展。2008 年 Python 发布了 3.0 版本,由于 Python3 与 Python2 不兼容,导致 Python 的发展在 2008 年到 2015 年期间遇到瓶颈。但今天几乎所有 Python 主流的和最重要的库都可以运行在 Python3 上了,国际上重要的 Python 程序员也都在用 Python3,而且 2018 年 3 月,Guido 宣布将于 2020 年 1 月 1 日终止支持 Python2,因此本书选择 Python3 这个版本。

根据 IEEE 的研究报告显示,Python 的排名从 2016 年开始持续上升,2017 年、2018 年和 2019 年连续高居编程语言排行榜首位,如图 1.6 所示。在我国,Python 的兴起是从

| Rank | Language | Type | Score |
|---|---|---|---|
| 1 | Python | 🌐 🖵 ⚙ | 100.0 |
| 2 | Java | 🌐 ▯ 🖵 | 96.3 |
| 3 | C | ▯ 🖵 ⚙ | 94.4 |
| 4 | C++ | ▯ 🖵 ⚙ | 87.5 |
| 5 | R | 🖵 | 81.5 |
| 6 | JavaScript | 🌐 | 79.4 |
| 7 | C# | 🌐 ▯ 🖵 ⚙ | 74.5 |
| 8 | Matlab | 🖵 | 70.6 |
| 9 | Swift | ▯ 🖵 | 69.1 |
| 10 | Go | 🌐 🖵 | 68.0 |

图 1.6　IEEE 2019 年编程语言排行榜

2017 年末开始的,这主要源于人工智能、大数据和机器学习的兴起,Python 拥有大量相关的外部库,且易学易用。此外,2017 年末全国计算机等级考试确定了从 2018 年开始新增"Python 语言程序设计"科目,这推动了 Python 在我国的发展。而随着人工智能的崛起,Python 将可能长期占据编程语言排行榜榜首的位置。

### 1.2.2 Python 的特点

Python 的编程和设计的指导原则是"优雅、明确、简单",这在"The Zen of Python"(《Python 之禅》)中被明确表述,当我们在 Python 中执行"import this"时就会看到如图 1.7 所示的这首诗。

```
>>> import this
The Zen of Python, by Tim Peters

Beautiful is better than ugly.
Explicit is better than implicit.
Simple is better than complex.
Complex is better than complicated.
Flat is better than nested.
Sparse is better than dense.
Readability counts.
Special cases aren't special enough to break the rules.
Although practicality beats purity.
Errors should never pass silently.
Unless explicitly silenced.
In the face of ambiguity, refuse the temptation to guess.
There should be one-- and preferably only one --obvious way to do it.
Although that way may not be obvious at first unless you're Dutch.
Now is better than never.
Although never is often better than *right* now.
If the implementation is hard to explain, it's a bad idea.
If the implementation is easy to explain, it may be a good idea.
Namespaces are one honking great idea -- let's do more of those!
```

图 1.7 《Python 之禅》

Python 以简单、易学、高效著称。Python 具有简单的说明文档,初学者很容易上手,编程人员可以更专注于解决问题而不是学习编程语言本身;Python 可以让复杂的编程任务变得高效有趣,对于一个使用 Java 需要几百行代码的任务,Python 只需要十几行代码就能够完成;Python 代码良好的可读性使阅读者很容易理解开发者所写的代码,有利于团队合作。

**1. 跨平台性**

Python 默认的解释器是用 C 语言编写的,而各种平台都支持 C 语言的编译,也就是说,Python 解释器可以在不同的平台上运行,所以用 Python 写的程序可以不经修改移植到安装有 Python 解释器的各个平台上运行,实现跨平台。

**2. 可扩展性**

Python 提供了丰富的 API(Application Programming Interface,应用程序编程接口)和工具,使得开发人员可以轻松使用 C 语言或者 Java 语言来编写扩展模块。然而调用扩展模块时要考虑跨平台性,因为 Python 的某些扩展模块是针对特定平台的,不能跨平台。

此外,Python 还被称为"胶水语言",因为 Python 可以将用其他语言编写的程序集成和封装,这也在很大程度上增加了 Python 的可扩展性。

**3. 丰富的库**

Python 有数百个内置标准库,覆盖了随机数、字符串、数学计算、文件、网络、操作系统、GUI 等大量内容。除了内置的标准库外,Python 还有十几万个高质量的第三方库,包括机器学习、大数据分析、图像处理、语音识别等功能,Python 是人工智能和大数据行业的首选编程语言。当然,如果你开发的代码通过很好的封装,也可以作为第三方库提供给他人使用。使用 Python 开发,许多功能不必从零编写,直接调用库即可完成。

**4. 面向对象性**

Python 同时支持面向过程和面向对象编程(Object Oriented Programming,OOP)。在面向对象编程中,程序围绕对象构建,对象之间通过消息进行交互。Python 中所有数据类型都可以视为对象,如字符串、整数等,函数(在面向对象编程中也称为方法)、模块也可以视为对象,当然 Python 也支持创建自定义类型对象。基于面向对象的编程可以使程序易于维护和扩展,同时也能提高程序开发效率,利于团队开发。

**5. 强制缩进**

Python 通过强制缩进层次来体现程序的结构,提高了程序的可读性和易维护性。在一般情况下使用 4 个空格作为一个层次的缩进,在部分环境中支持 tab 键缩进,但是 tab 键缩进如果与空格缩进混用易造成难以发现的错误。因为不同的缩进层次可能会导致完全不同的结果,所以有些编程人员认为这是 Python 语言的一大缺点,但对于初学编程的人来说这不失为培养良好编程习惯的一个方法。

## 1.3　Python 环境安装与配置

多数 Linux 系统中一般都会自带 Python 开发环境,用户可以直接使用或者进行升级安装新版本,具体方法本书不做介绍,本书所涉及的开发环境均是在 Windows 系统下进行的。

### 1.3.1　Python 环境安装

Python 是开源软件,安装程序可以直接从 Python 官网 https://www.python.org/下载,如图 1.8 所示。

进入下载页面后,从版本列表中选择需要的版本,本书使用的是 Windows 系统下 32 位的 3.6.4 版本。值得注意的是,环境下载不需要每次都选择最新版本,满足实际使用需求即可。进入相应版本介绍界面后,列表中会提供不同操作系统不同安装方式的下载链接,如图 1.9 所示,其中"Windows x86-64 executable installer"适用于 64 位 Windows 系统,"Windows x86 executable installer"适用于 32 位 Windows 系统。

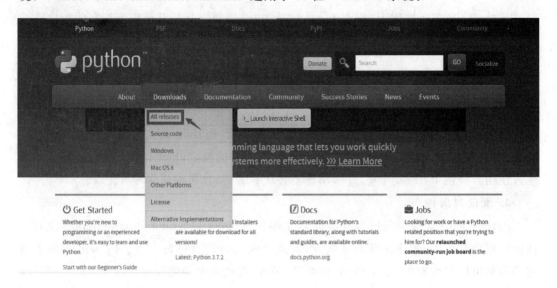

图 1.8　Python 官网

| Version | Operating System |
| --- | --- |
| Gzipped source tarball | Source release |
| XZ compressed source tarball | Source release |
| Mac OS X 64-bit/32-bit installer | Mac OS X |
| Windows help file | Windows |
| Windows x86-64 embeddable zip file | Windows |
| Windows x86-64 executable installer | Windows |
| Windows x86-64 web-based installer | Windows |
| Windows x86 embeddable zip file | Windows |
| Windows x86 executable installer | Windows |
| Windows x86 web-based installer | Windows |

图 1.9　Python 环境下载列表

下载之后得到扩展名为 exe 的安装文件,双击运行,如图 1.10 所示。

在启动页面中,建议勾选最下方的"Add Python 3.6 to PATH"复选框,这样安装过程中会自动将 Python 添加进系统环境变量中,如果不勾选,后续需要手动添加环境变量。如果选择"Install Now"则会自动安装 Python 到默认的 C 盘中。如果不想安装在 C 盘中,可以选择"Customize installation"进行自定义安装。选择自定义安装后,会出现图 1.11 所示的界面,其中的四个复选框依次代表安装 Python 的描述文档(建议勾选)、安装 pip (必须勾选)、安装 tkinter 库和 python 自带的 IDLE(必须勾选)、安装 Python 测试套件 (必须勾选),然后单击"Next"进入配置界面,如图 1.12 所示,在一般情况下勾选前 4 个复选框，并单击"Browse"按钮选择安装位置即可。最后单击"Install"开始安装，安装成功后显示的界面如图 1.13 所示，单击"Close"完成安装。

图 1.10　安装程序启动界面

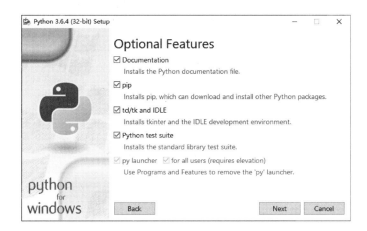

图 1.11　自定义安装选项

图 1.12　自定义安装配置

图 1.13　安装成功界面

为测试是否安装成功,可以同时按下键盘上的 Windows 键和字母 R 键打开运行框,在运行框中输入"cmd",如图 1.14 所示,然后按回车键进入 cmd 命令提示符窗口中,输入"python",如果安装成功且环境变量配置正确,则显示图 1.15 所示的信息。

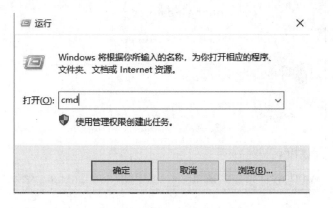

图 1.14　运行 cmd

图 1.15　安装配置成功提示

## 1.3.2　添加环境变量

如果在测试是否安装配置成功时显示图 1.16 所示的界面,则说明没有将 Python 添加进环境变量中,此时可以选择卸载后重新安装并勾选"添加环境变量"选项,或者手动添加环境变量。

图 1.16　未配置环境变量

手动添加环境变量时,首先,右键单击桌面上的"计算机"(win10 系统中为"此电脑")图标,在弹出的菜单中单击"属性"选项,在打开的窗口左侧选择"高级系统设置",打开"系统属性"对话框,如图 1.17 所示;然后,单击右下角的"环境变量"按钮,打开"环境变量"对话框,在对话框下方的"系统变量"中找到"Path"变量并进入编辑环境变量界面(如图 1.18 所示),将 Python 的安装路径添加到列表中;最后,单击"确定",完成环境变量配置。

图 1.17　系统属性对话框

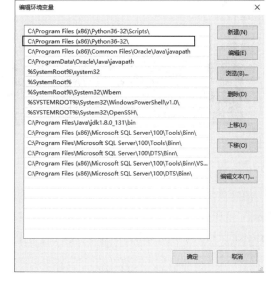

图 1.18　编辑 Path 环境变量

### 1.3.3　Python 程序的编写与运行

成功安装 Python 之后,有三种方法打开 Python:一是使用 Windows 的 cmd 命令行工具;二是使用 Python 自带的命令行工具;三是使用 Python 自带的具有图形界面的 IDLE。

(1) 使用 Windows 的 cmd 命令行工具

如前文所述,进入 cmd 命令提示符窗口,如图 1.15 所示,输入"python"回车执行后,在出现">>>"提示符后,即说明已经进入 Python 交互式编程环境,实质是调用了 Python 的命令行。在">>>"提示符后输入 Python 命令后按回车键即可执行该命令,如图 1.19

所示。

```
>>> print("欢迎进入Python世界，快来体验一下吧！")
欢迎进入Python世界，快来体验一下吧！
>>> a=1
>>> b=2
>>> a+b
3
>>> a**b
1
>>> (a+b)**b
9
>>>
```

图 1.19　命令提示符窗口执行 Python 命令

在"＞＞＞"提示符后输入"exit( )"，回车执行后即可退出 Python 命令行，返回 Windows 的 cmd 命令提示符窗口。

（2）使用 Python 命令行工具

在开始菜单中找到 Python 目录，单击其中的"Python 3.6"选项即可打开 Python 命令行窗口，如图 1.20 所示，也可以从 Python 安装目录中找到其中的"Python.exe"，然后双击运行。

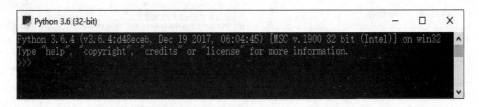

```
Python 3.6 (32-bit)                                    —  □  ×
Python 3.6.4 (v3.6.4:d48eceb, Dec 19 2017, 06:04:45) [MSC v.1900 32 bit (Intel)] on win32
Type "help", "copyright", "credits" or "license" for more information.
>>>
```

图 1.20　Python Shell 命令行窗口

（3）使用图形界面的 IDLE

在开始菜单的 Python 目录中，单击其中的"IDLE"选项即可打开 IDLE 窗口，如图 1.21 所示。相比前两种命令行窗口，在 IDLE 窗口中编写 Python 命令时，不同类型的代码会使用不同颜色的高亮标识，如绿色代码通常表示字符串常量，红色代码一般为注释信息。

```
Python 3.6.4 Shell                                    —  □  ×
File  Edit  Shell  Debug  Options  Window  Help
Python 3.6.4 (v3.6.4:d48eceb, Dec 19 2017, 06:04:45
) [MSC v.1900 32 bit (Intel)] on win32
Type "copyright", "credits" or "license()" for more
information.
>>> print("欢迎使用IDLE编写Python程序……")
欢迎使用IDLE编写Python程序……
>>> a=1
>>> b=2.0
>>> a+b
3.0
>>>
                                              Ln: 9  Col: 4
```

图 1.21　Python IDLE 窗口

上述三种方法打开 Python 后,都是直接进入 Python 交互式编程环境,在这种情况下,只能逐条输入指令并执行,只有上一条指令代码执行完成后才能输入后面一条指令代码。这种方式仅适用于单行代码执行或者非常短小的程序,在实际使用中,往往需要将要执行的多行代码保存在一个扩展名为.py 的文件中,使用文件式编程环境编写程序时,可以采用文本编辑器或使用 IDLE 等方法编写 Python 程序文件。

（1）使用文本编辑器编辑 Python 程序文件

可以使用任何文本编辑器（如记事本、Notepad＋＋等）编辑 Python 程序,只需要在最后保存文件时将文件扩展名指定为.py 的文件即可。双击保存好的 Python 程序文件,文件会直接运行,输出结果会一闪而过。此时,需要在 cmd 命令提示符窗口中进入 Python 程序文件所在目录,使用"python 文件名"命令执行该程序。假设使用记事本程序编写的 test.py 文件保存在"D:/python"目录下,其中代码如下:

```
#test.py
print("欢迎使用 IDLE 编写 Python 程序……")
a = 1
b = 2.0
print(a," + ",b," = ",a + b)
```

打开 cmd 命令提示符窗口,切换目录到"D:\python"目录后执行,如图 1.22 所示。

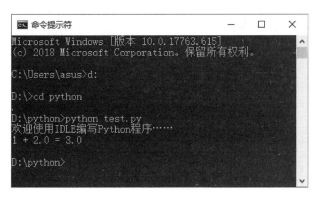

图 1.22　cmd 中运行 Python 程序

（2）使用 Python IDLE 编辑 Python 程序文件

在 IDLE 窗口的"File"菜单中选择"New File"即可打开 IDLE 的文件式编程窗口,在其中编写多行代码后保存文件,按快捷键 F5 或者从"Run"菜单中选择"Run Module"选项即可运行该文件,查看运行结果。

除上述两种方法编辑 Python 程序文件外,还可以使用其他 IDE（Integrated Development Environment,集成开发环境）,如 VSCode、Pycharm、Eclipse＋PyDev 等。IDE 功能强大,往往集成了代码编写、分析、编译和调试功能等一体化的开发服务,使用者可以根据开发内容和各人喜好选择合适的 IDE,本书直接使用 Python 自带的 IDLE 学习 Python 编程。

# 习　题

1. 了解其他常用编程语言，与 Python 相比，他们的特点是什么？
2. 编译型语言与解释型语言的区别有哪些？
3. 使用流程图和 IPO 方法描述你所遇到的一个问题。
4. 参考例 1-2 编写 Python 程序，完成输入输出问答。

# 第 2 章　Python 基础

**本章要点**

- Python 程序框架。
- 变量名、关键字。
- Python 简单数据类型。
- 输入命令 input()与输出命令 print()。
- 列表与元组及字符串数据操作。
- 字典的基础操作。

因为计算机最早被开发出来的目的就是做科学计算,所以我们先从计算开始讲述。

**【例 2-1】**　假设已经知一个圆的半径为 5.5,求它的面积。按照公式,圆的面积为 π乘以半径的平方。

打开 IDLE,新建文件,进入代码编辑模式,输入以下代码:

```
♯2-1.py
PI = 3.1415
radius = eval(input("Please input the radius:"))
area = PI * radius * radius    ♯在程序设计过程中,乘号不可以省略
print("The area is :",area)
```

运行程序输入半径值 5.5,得到如下运行结果:

```
Please input the radius:5.5
The area is : 95.03037499999999
```

重复运行程序,可以输入不同的半径值,即可由程序计算出相应半径的圆的面积。

在 Python 程序中,input()用于接收用户键盘输入的数据,print()用于将需要输出的内容显示在屏幕上,这里使用 input()来接收需要用户输入的圆的半径,print()用来输出圆的面积,但是由于用户输入的半径不再是普通的字符,而是需要用于计算的数字,因此需要使用 eval()将用户输入的内容转化为数字。

## 2.1　Python 程序格式框架

类似于写文章,为保证条理与可阅读性,文章需要遵循一些固定格式,而每一种编程语言也有自己的格式框架,这些格式是语法的一部分,只有遵循语法格式编写的代码才能

被编译器或解释器正确识别。下面介绍 Python 语言的基本程序格式框架。

### 2.1.1 辅助性信息

例 2-1 中的程序的第一行是注释,用于说明该段程序的名称。注释就是程序代码中的辅助性文字,通常用来标识代码的作者、版权、编写时间等信息,更多的时候会用来解释代码段的原理和用法,当然,也可以用来辅助调试,如暂时先屏蔽某一行或某一段程序。

注释在运行时会被编译器或解释器忽略,不执行。Python 中采用"♯"表示注释的开始。"♯"可以在一行的开始,用来注释接下来的一行,也可以出现在一行语句的后面,用来注释当前行"♯"前面的命令代码。如果注释的语句是多行的,则要在每一行的前面都加上"♯"。多行注释的另一种方式是在要注释的多行语句的头尾加上三引号"'''",不过这种方式属于文档字符串(DocStrings),虽然和注释有点类似,但在程序运行时是可以访问三引号里的内容的,也就是说其是程序的一部分,解释器并不会忽略它。

【例 2-2】 使用三引号存储说明信息。

```
♯2-2.py
def calccircle(radius):
    '''此函数用于计算圆的面积和周长,
    并将面积和周长打印出来,
    传入的参数为半径,须是数字'''
    PI = 3.1415
    Area = PI * radius * radius
    Perimeter = 2 * PI * radius
    print(Area,Perimeter)


print(calccircle.__doc__)
calccircle(6)
```

程序运行结果:

此函数用于计算圆的面积和周长,
    并将面积和周长打印出来,
    传入的参数为半径,须是数字
113.094 37.698

文档字符串一般用于函数中(有关函数的详细信息见第 4 章),通过"函数名.__doc__"来访问,注意 doc 两端是双下划线。从上面的程序运行结果可以看出,文档字符串更像是一种帮助文档,即使用户没有程序源码,也可通过访问文档字符串来获取程序的信息。

### 2.1.2 缩进

对比例 2-1 和例 2-2 可以发现,在例 2-2 的程序中,有些语句前面多了一些空白区域,这是 Python 的缩进规则,Python 语言用严格的缩进来表示代码段间的包含和层次关系。

不需要缩进的语句顶格写,需要缩进的语句相对其所属关系的语句至少缩进4个空格,也可用Tab键来代替,但两者不能混合使用。由于不同系统对Tab键的长度要求不一,为了保证程序的移植性,建议都采用4个空格的方式。有些IDE也会提供将Tab键替换为4个空格的功能,以便灵活使用,方便代码编辑。

例2-2中的程序从三引号开始,一直到print(Area,Perimeter),都属于函数calccircle()的内容,因此这些语句相对"def calccircle(radius):"会缩进4个空格。缩进在分支、循环、函数、类等地方会经常用到。对于错用缩进的情况,解释器会报"unexpected indent"错误信息。

```
>>>   print("hello python")   #语句前有不该有的缩进
  File "<stdin>", line 1
    print("hello python")
    ^
IndentationError: unexpected indent
```

### 2.1.3 续行

大部分的编程语言都不限制单行代码的长度,Python也一样,但是为了保证程序代码的可读性,建议单行代码太长时(超过80个字符)应对其进行拆分。Python使用反斜杠"\"来将单行代码拆分为多行。

例如,

```
radius = input("请输入要计算的圆的半径,\
整数或浮点数均可:")
```

以上语句等价于:

```
radius = input("请输入要计算的圆的半径,整数或浮点数均可:")
```

需要注意的是,用"\"分割语句时,"\"后面不能再出现任何字符,必须立即换行。

实际上对于括号、三引号(三个单引号或三个双引号)这种成对出现的语法,也可以不用"\",语句中直接回车换行,因为解释器在遇到第一括(引)号时,会去寻找与其对应的下一个括(引)号,把括(引)号中间的内容当作一个整体内容去处理。

例如,

```
radius = [3,4,7,
5,2,1]
print(radius)
print("The radius is "  ,
radius)
```

其运行结果:

```
[3, 4, 7, 5, 2, 1]
The radius is  [3, 4, 7, 5, 2, 1]
```

## 2.2　变量与变量的赋值

例 2-1 的程序中用 PI、radius、area、print 等符号来表示一类事物或操作的名称,在程序设计中,这类名称统一称为标识符。在 Python 中允许采用大写字母、小写字母、数字、下划线"_"及它们的组合来组成标识符,但标识符的首字符不能是数字,并且中间不能出现空格,字符个数没有要求(但有些操作系统会有限制)。

编写程序时,可以根据需求按照规则自定义标识符,但 Python 保留了一些关键字用作其他用途,这些关键字不能当作自定义标识符。关键字也称保留字,是指编程语言内部定义并保留使用的标识符。可以在 IDLE 中使用如下命令查看所有的关键字:

```
>>> import keyword
>>> keyword.kwlist
['False', 'None', 'True', 'and', 'as', 'assert', 'break', 'class', 'continue', 'def',
'del', 'elif', 'else', 'except', 'finally', 'for', 'from', 'global', 'if', 'import',
'in', 'is', 'lambda', 'nonlocal', 'not', 'or', 'pass', 'raise', 'return', 'try', 'while',
'with', 'yield']
```

Python 3.7 版本中增加了 async 和 await 两个关键字,如果不确定自定义标识符是否为关键字,可以用以下命令测试一个标识符是否为关键字:

```
>>> import keyword
>>> keyword.iskeyword("import")
True
>>> keyword.iskeyword("python")
False
```

语句"keyword.iskeyword("import")"测试了"import"是否为 Python 的关键字,因为"import"在关键字列表中,所以返回的结果是 True,而"python"未出现在关键字列表中,不属于关键字,所以执行结果返回 False。

在例 2-1 程序中,自定义标识符 PI 用来存储圆周率 π,radius 用来存储圆的半径,area 用来存储圆的面积。在程序中用变量来存储数据,不同变量之间通过自定义标识符(也称变量名)加以区分,也就是说,计算机通过变量名访问其中存储的数据,因此在同一个程序中要注意变量名的唯一性。例如,在例 2-1 中,使用者输入的半径需要被存储下来,以便在后续的代码中使用,所以将其存储在变量 radius 中,而在接下来计算圆面积时,则通过变量名 radius 来使用其中存储的半径。

要在变量中存储数据或者要改变变量中存储的数据,可以通过赋值表达式实现,使用赋值运算符"="将一个值赋给某个变量,这种方式称为简单赋值,如

```
>>> x = 3
>>> y = 4
```

还可以用一个已存在的变量赋值另一个变量,如

```
>>> x = 3
>>> y = x
>>> x
3
```

需要注意的是,给变量赋值时,被赋值的变量必须在"＝"的左边,否则,将会给出错误信息。例如,执行下面的语句将给出错误信息:

```
>>> 5 = x
SyntaxError: can't assign to literal
```

除了一次只对一个变量赋值外,Python 还可以对多个变量进行同时赋值,如

```
x , y , z = 3 , 4 , 5    ♯把 3、4、5 分别赋值给变量 x、y 和 z
```

同时赋值不仅能简化书写,也能简化交换两个变量的值操作。对于传统的程序设计语言(如 C 语言等),要交换两个变量的值,必须要借助一个中间变量,代码如下:

```
x = 3
y = 4
temp = x
x = y
y = temp
```

在 Python 中,如果使用同时赋值,上述代码中的最后三行只需要一条语句就可以实现:

```
x = 3
y = 4
x ,y = y,x
```

## 2.3 基本数据类型

例 2-1 程序中既出现了"5""3.1415"这样的整数数字、小数数字,也出现了"The area is:"这样用于表达某种含义的文本符号信息。在程序中,往往要根据用途使用不同形式的数据。程序中数据的不同表示形式称为数据类型。Python 中的基本数据类型大致可分为两类:一类是数学上常用的数字类型,包括整型、浮点型和复数型;另一类是非数字类型,包括布尔型和字符串类型。

### 2.3.1 数字类型

① 整型(int):即平时所说的整数,不带小数点,前面可以有正号或负号。Python 可以处理任意大小的整数。整型的表示方法可以是二进制、十进制、八进制和十六进制。

- 二进制:以 0b 为前缀,其后由 0 和 1 组成,如 0b1001、0b11 等。
- 十进制:由 0～9 组成,不能以 0 开始,如 5、3、16 等。
- 八进制:以 0o 开为前缀,其后由"0～7"组成,如 0o5、0o3、0o20 等。
- 十六进制:以 0x 或 0X 为前缀,其后为"0～9""a～f"或"A～F"(表示十进制的 10～15)组成,如 0x5、0x3、0xAF 等。

② 浮点型(float):即浮点数,有时也称实型,也就是日常所用的小数。之所以叫浮点数,是因为在计算机中,可以根据科学计数法,使小数点来回浮动。浮点型数据有两种书写形式:

- 十进制小数形式:如 132.4、2.56 等。
- 指数形式:即科学计数法,用字母 E/e 表示以 10 为底的指数。例如,123.4e3 即代表 $123.4 \times 10^3$。

③ 复数型(complex):即数学中的复数,只是把其中的虚数单位"i"换成了"j"或"J",例如,3+4j 可以理解为一个有序数对(3,4)。

```
>>> z = 3 + 4j
>>> z.real   #复数的实部,返回的是个浮点数
3.0
>>> z.imag   #复数的虚部,返回的是个浮点数
4.0
```

### 2.3.2 非数字类型

① 布尔型(bool):取"True"和"False"两种值(注意大小写),表示逻辑条件的真和假,计算机中一般把非 0 的数字类型都当作"True"。

```
>>> bool(0)
False
>>> bool(2)
True
>>> bool(1 + 2j)
True
```

② 字符串(str):除了科学计算,现代计算机最常用的功能之一就是存储文本信息,这种数据类型称为字符串。Python 中,对于单行的字符串,可以在字符串的两端加上单引号"'"或双引号""""来表示,如" The area is """python"";对于多行的字符串,则是在字符串的两端加上三引号""""",如

''' The Zen of Python, by Tim Peters

Beautiful is better than ugly.

Explicit is better than implicit.

Simple is better than complex.

Complex is better than complicated..."'

Python 使用三种符号表示字符串,这使得当引号也是字符串中的一部分时,可以灵活使用三者的组合来实现。例如,当单引号是字符串中的一部分时,可以用双引号将该字符串引起来(如""it's true""),其中的单引号就是字符串的一部分,而两端的双引号才是语法中用来表示字符串类型的。同理,当双引号是字符串中的一部分时,则可以用单引号将该字符串引起来。单引号、双引号同时出现在字符串中时,则可以用三引号将字符串引起来。

字符在计算机中的存储是以 01 代码的形式存在的。一个字符就是一串二进制编码,称作字符编码。目前最常见的就是 ASCII 码(美国信息交换标准码),其用 7 位数(范围 0~127)表示了所有英文大小字母、数字、标点符号以及控制字符。对于英文之外的语言,世界上各个国家和地区对于自己书写的语言也会制定不同的编码标准,如中国大陆地区有 GBK、GB2312、GB18030 等。目前国际上最通行的是统一码(Unicode),Python 程序默认使用这种编码。统一码几乎支持世界上所有的语言。ASCII 码可以看作是统一码的一个子集。

例如,

```
>>> print("\u4e2d\u56fd\u4eba\u6c11\u5171\u548c\u56fd")
中华人民共和国
```

程序中"\u"是统一码编码的固定格式,后面的数字就是对应字符的字符编码,为方便书写,这里使用十六进制表示。

在程序设计的过程中,有时需要知道一个字符的 ASCII 码,有时则需要知道一个数字所对应的字符。Python 提供了 ord()函数和 chr()函数,其中 ord()函数用于查看一个字符的 ASCII 码,chr()函数用于查看一个 ASCII 码的数字所代表的字符。

例如,

```
>>> ord(" * ")    ♯查询星号对应的 ASCII 码
42
>>> chr(97)    ♯查询 97 所对应字符
'a'
```

除日常的文本信息外,在计算机中,还存在如回车、换行这样的不可见字符,通常用"\"加字母的形式来表示,称为转义字符。常用的转义字符如表 2.1 所示。

表 2.1　常用转义字符

| 转义字符 | 含义 | 转义字符 | 含义 |
| --- | --- | --- | --- |
| \n | 换行,将当前位置移到下一行开头 | \t | 水平制表(跳到下一个 Tab 位置) |
| \r | 回车,将当前位置移到本行开头 | \0 | 空字符(Null) |
| \b | 退格,将当前位置移到前一列 | \\ | 代表一个反斜线字符"\" |
| \f | 换页,将当前位置移到下页开头 | \' | 单引号 |

因为转义字符的存在,程序有时可能会出现一些意想不到的错误。例如,在文件操作中,经常会到某一个路径下查找一个文件,这时可以将文件路径定义成一个字符串变量,在 Windows 系统中可以这么写:

```
>>> path = "D:\python\new"
>>> path
'D:\\python\new'
>>> print(path)
D:\python
ew                          #后一个"\"被当成了语法标志
```

上面变量 path 本意代表 D 盘 python 文件夹底下的 new 文件(夹),但解释器在解释上面的语句时,对于第一个"\",因为其后面是字母 p,没有对应的转义字符,则被当成字符"\"处理。但对于第二个"\",因为后面是字母 n,而"\n"是一个转义字符,如果后面再将其用于路径搜索,则会产生错误。

一种处理方法是使用双重转义,如使用表 2.1 所示的"\\",即在"\"前面再加一个"\",如"path = "D:\\python\\new"",这样解释器就会把后面的"\"当成字符。

另一种处理方法是使用原生字符串(Raw String),即在字符串前面加上字母"r",如"path = r"D:\python\new"",这样解释器就会把引号内的所有字符当作普通字符去处理。这种方式在正则表达式的使用中会经常用到。

```
>>> path = "D:\\python\\new"      #第一种处理方法,双重转义
>>> path
'D:\\python\\new'
>>> print(path)
D:\python\new


>>> path = r"D:\python\new"       #第二种处理方法,原生字符串
>>> path
'D:\\python\\new'
>>> print(path)
D:\python\new
```

### 2.3.3 变量数据类型查看及类型转换

对于一些已经存在的变量,特别是存储着调用其他库返回结果的变量,常常需要知道其数据类型后才能进行后续操作。Python 提供了 type() 函数来查看一个已存在变量的数据类型。

```
>>> var = 12
>>> var1 = 12.6
```

```
>>> str1 = "python"
>>> type(var)
<class 'int'>
>>> type(var1)
<class 'float'>
>>> type(str1)
<class 'str'>
```

上述语句中第一、二、三行分别产生了一个整型、浮点型和字符串型的变量,后面分别用 type()函数查看其类型,返回的结果依次为整型 int、浮点型 float 和字符串型 str。返回结果中的"class"代表类,是面向对象思想中的一个概念,在 Python 中,所有的变量类型都被定义成为一个类。

现实应用中经常会碰到各种不同数据类型需要转换。例如,网络上传输的数据大部分都是字符串类型的,当接收到数据后往往需要将其转换成整型或浮点型数据后再进行计算。表 2.2 列出的是 Python 内置的常用基本数据类型转换函数。

**表 2.2　常用基本数据类型转换函数**

| 函数 | 描　述 |
|---|---|
| int(x) | 将 x 转换成整数。x 如果是浮点型数据,则取其整数部分;如果是字符串,则要注意字符须符合整型数据形式,即由正负号和 0~9 的数字组成 |
| float(x) | 将 x 转换成浮点数。x 如果是整数,则在其后面添加".0";如果是字符串,则需要注意字符须符合整型或浮点型数据形式,即由字符正负号、0~9 的数字或小数点组成 |
| complex(re[,im]) | 生成复数。re 代表实部 real,可以是整型、浮点型和符合整型或浮点型数据形式的字符串;im 代表虚部 imag,可选,可以是整型、浮点型,但不能是字符串 |
| str(x) | 将 x 转成字符串。x 可以是整型、浮点型、复数型等 |

注意:int(x)对浮点数进行取整时,只会取数值的整数部分,如果想避免转换后的数值损失过大,可以使用 round()函数进行四舍五入取整。

```
>>> int(3.86)        #只取整数部分,不做四舍五入
3
>>> round(3.86)  #round()函数会进行四舍五入
4
>>> int("EF")    #EF 不符合整型的数据形式,报 ValueError 类型错误
Traceback (most recent call last):
  File "<stdin>", line 1, in <module>
ValueError: invalid literal for int() with base 10:'EF'
>>> complex(25)
(25 + 0j)
>>> float('3.1415')     #字符串转浮点数
```

```
3.1415
>>> str(3 + 4j)
'(3 + 4j)'
```

### 2.3.4　input( )函数与eval( )函数

在程序运行的过程中,常常需要接收用户的输入,如例2-1程序第三行所示,在控制台模式下,Python提供了input()函数来获取用户的输入,其函数原型为"input(prompt = None,/)",其中prompt是给用户的提示性语句,可以没有。为了方便后续操作,通常会将其指定给一个变量。所以input()函数通常的使用方式为

<变量> = input([提示性语句])

注:在介绍命令格式时,经常使用"<>"和"[]",其中"<…>"代表必填项,使用时必须使用相应内容替换,而"[…]"则表示可选项,当省略不写时一般会有默认值存在。

```
>>> val = input("请输入:")
请输入:3.1415926
>>> val        #下面的输出带引号,所以是字符串
'3.1415926'
>>> val2 = input("请输入:")
请输入:2.7182828
>>> val2
'2.7182828'
>>> val + val2
'3.14159262.7182828'
>>> val3 = input("请输入:")
请输入:hello python
>>> val3
'hello python'
```

上面前5条命令的本意是想输入两个数字,然后再将两个数字相加,但结果却是两个数字的拼接。实际上从几个变量的输出就可以看出,无论用户输入的是什么,input()函数都会将其统一成字符串类型进行输出。所以为了便于后面的计算,例2-1程序使用了eval()来将用户输入的数据转化成数字类型。

eval()函数的功能是将字符串转变成Python语句并且执行这行语句。

```
>>> val = input()
365
>>> val        #val的值带引号,是个字符串
'365'
>>> eval(val) #经过eval()后去掉了引号,变成了数字
```

365
```
>>> eval("hello")
Traceback (most recent call last):
  File "<stdin>", line 1, in <module>
  File "<string>", line 1, in <module>
NameError: name 'hello' is not defined
>>> eval("print('hello world! ')")  #去掉引号后变为 print('hello world! ')执行
                                       打印输出
hello world!
```

从上面的语句可以看出,eval()实际是将字符串两端的引号去掉,把引号里的内容当成 Python 语句去执行。在执行语句"eval("hello")"时,解释器会去系统库中寻找"hello",而系统里没有它,同时上文中也没有,故只能把它理解为一个变量,但前面又没有定义它,所以只能报未定义错误。

从另一个角度来说,在例 2-1 程序中,使用 eval()函数将 input()输入的内容转换成数字其实是存在一定安全隐患的,就像上面最后一句,当用户输入一个正常的 Python 的语句的时候,是可以直接执行该语句的。如果当前运行的程序权限比较高,就可以输入其他 Python 语句来执行,如访问、删除当前机器的敏感数据。因此,如果只是想将用户的输入转换成数字类型,建议使用类型转换函数 int()或 float()。

例如,

```
>>> pi = float(input())
3.1415
>>> radius = float(input())
5
>>> area = radius ** 2 * pi
>>> area
78.53750000000001
>>> x,y = float(input())    #注意同时赋值不能用 float()和 int()转换
2.1,3.1
Traceback (most recent call last):
  File "<stdin>", line 1, in <module>
ValueError: could not convert string to float: '2.1,3.1'
```

另外,注意同时赋值不要用 int()或 float(),因为输入时中间有非数字符号,无法转换。

## 2.4　数　值　运　算

计算机很重要的任务就是高效准确地进行数值运算,Python 中各种数据类型的数据

之间可以进行丰富的运算处理,包括算术运算、比较运算、逻辑运算等。

**1. 算术运算符**

算术运算符用于数字类型(整型、浮点型、复数)的数据之间的运算处理,也称数字运算符。Python 提供了丰富的算术运算符用于运算,如表 2.3 所示。

表 2.3　Python 内置算术运算符

| 运算符 | 描　述 | 实例 |
|---|---|---|
| ＋ | 两个数相加 | a＋b |
| － | 得到一个负数或一个数减去另一个数 | －a<br>a－b |
| ＊ | 两个数的运算乘积 | a＊b |
| / | 两个数的商 | a/b |
| // | 两个数的整数商,即不大于两个数的商的最大整数 | 9//2 ＝ 4<br>－9//2 ＝ －5 |
| % | 两个数余数(整数),也称为模运算 | 9%2 ＝ 1 |
| ＊＊ | 次幂运算 | 2＊＊4 ＝ 16 |

从上面可以看出,这些运算符基本和平时的数学运算操作一致。

需要注意的是运算符"/"所生的结果是一个浮点数,运算"//"产生的是一个整数结果,这个整数会按不大于两个数的商的最大整数取。

```
>>> 5/2     # 结果为浮点数
2.5
>>> 5//2    # 取整后结果不能大于两个数的商
2
>>> - 5/2
- 2.5
>>> - 5//2  # 取整后结果不能大于两个数的商
- 3
```

数字类型的整型、浮点型和复数之间可以混合运算,同一类型数据之间的运算结果的数据类型有可能变为其他数据类型,例如,5/2 是两个整数之间的运算,但运算结果 2.5 为浮点型数据,所以 Python 会强制进行类型转换,将"较小"的数据类型转换成"较大"的数据类型。

数字类型由小到大的排列顺序为整型、浮点型、复数。整型与整型运算时,如果结果是整数,那么结果就是整型;如果结果带有小数,那么结果就自动转换为浮点型。整型与浮点型运算结果是浮点型。整型或浮点型与复数进行混合运算时,结果为复数。

算术运算符可以和赋值运算符"＝"组成复合赋值运算符来简化语句书写,复合赋值运算符也称增强运算符。

```
>>> x = 3.1415
>>> x += 2    #相当于 x = x＋2
>>> x
5.141500000000001
>>> x /= 2    #相当于 x = x/2
>>> x
2.5707500000000003
```

除了这些算术运算符外,Python 还内置了一些常用函数用于数学运算操作(如表2.4 所示),这些函数可以直接调用。

表 2.4　Python 内置常用数学运算函数

| 函数 | 描　述 | 实例 |
|------|--------|------|
| abs(x) | 返回 x 的绝对值 | abs(−2) = 2 |
| divmod(x,y) | (x//y, x%y) | divmod(9,2) = (4,1) |
| pow(x,y[,z]) | (x * * y)%z,参数 z 可以省略 | pow(2,4) = 16 |
| round(x[,n]) | 对 x 四舍五入,保留 n 位小数,n 省略时返回四舍五入后的整数 | round(3.1415926,4) = 3.1416 |
| max(x1,x2,…,xn) | 返回最大值 | max(2,5,7,3) = 7 |
| min(x1,x2,…,xn) | 返回最小值 | min(2,5,7,3) = 2 |

例如,

```
>>> divmod(15,6)          #15 除以 6,商 2 余 3
(2, 3)
>>> pow(3,2)              #3 的 2 次方
9
>>> pow(3,2,2)           #3 的 2 次方除以 2 的余数
1
>>> pow(3,0.5)           #3 的二分之一次方(开方)
1.7320508075688772
>>> round(3.1415926,4)   #保留 4 位小数
3.1416
>>> round(3.1415926)     #取整,与 3 更接近
3
>>> round(4.5)           #与 4 和 5 的差值一样,取偶数
4
>>> round(3.6)           #取整,与 4 更接近
4
```

对于更复杂的数学运算操作,Python 还自带一个数学库 math,math 库中有一些常用的数学常数(如自然常数 e、圆周率 π 等),还有可以计算算术平方根、三角函数等常见的数学操作。

表 2.5 math 数学函数库

| 函数 | 描 述 | 实例 |
|------|------|------|
| math.fabs(x) | 将 x 转成浮点数,返回它的绝对值 | math.fabs(−2.5) = 2.5 |
| math.ceil(x) | x 向上取整,返回不小于其的最小整数 | math.ceil(3.1415)=4<br>math.ceil(−3.1415)=−3 |
| math.floor(x) | x 向下取整,返回不大于其的最大整数 | math.floor(3.1415)=3<br>math.floor(−3.1415)=−4 |
| math.factorial(x) | 以一个整数返回 x 的阶乘,如果是负数或不是整数会报错 | math.factorial(3.0) = 6 |
| math.fmod(x, y) | 返回 x 与 y 的模 | math.fmod(9,6) = 3.0 |
| math.gcd(x,y) | 返回 x 和 y 的最大公约数 | math.gcd(9,6) = 3 |
| math.exp(x) | 返回 $e^x$ 的值 | math.exp(3)=20.09 |
| math.log(x,[base]) | 返回以 base 为底的 x 的对数值,不写 base 则以 e 为底 | math.log(100,10)=2.0<br>math.log(math.e)=1.0 |
| math.sqrt(x) | 返回 x 的平方根 | math.sqrt(4) = 2.0 |
| math.sin(x) | 返回 x 的正弦值,x 为弧度值 | math.sin(math.pi/2) = 0 |
| math.asin(x) | 返回 x 的反正弦值(弧度) | math.asin(1)=1.57 |
| math.cos(x) | 返回 x 的余弦值,x 为弧度值 | math.cos(math.pi)=−1.0 |
| math.acos(x) | 返回 x 的余弦值(弧度) | math.acos(1) = 0.0 |
| math.tan(x) | 返回 x 的正切值,x 为弧度值 | math.tan(math.pi/4)=1 |
| math.atan(x) | 返回 x 的反正切值(弧度) | math.atan(1) = 0.79 |
| math.degrees(x) | 将弧度 x 转换成角度 | math.degrees(1)=57.30 |
| math.radians(x) | 将角度 x 转换成弧度 | math.radians(180)=3.141 |

注意,使用这些函数时需要先导入 math 库,表 2.5 中的实例用到的 math.pi 和 math.e 为 math 库中定义的数学常数,分别表示圆周率和自然常数。此外,还有表示正无穷大的 math.inf 和非浮点数标记 math.nan(Not a Number)。

例如,

```
>>> import math
>>> math.factorial(3)
6
>>> math.factorial(3.0)
6
>>> math.factorial(4.1)
Traceback (most recent call last):
```

```
    File "<stdin>", line 1, in <module>
ValueError: factorial() only accepts integral values
>>> math.factorial(-3)
Traceback (most recent call last):
    File "<stdin>", line 1, in <module>
ValueError: factorial() not defined for negative values
```

math.factorial()要求的参数是个非负整数,当传入不能转换成正整数的小数或负数时会报 ValueError 异常。由于数字是以二进制的形式存储在计算机中的,而现实中习惯使用十进制,因此必须进行转换。对于浮点数,在进行十进制到二进制的转换过程中,可能会出现如下所示的精度问题:

```
>>> sum([0.1, 0.1, 0.1, 0.1, 0.1, 0.1, 0.1,0.1, 0.1, 0.1])
♯会有精度损失
0.9999999999999999
>>> math.fsum([0.1, 0.1, 0.1, 0.1, 0.1, 0.1, 0.1,0.1, 0.1, 0.1])
1.0
```

因此,为避免精度损失,建议采用 math 库提供的函数。(具体原因可参考计算机基础相关课程。)

可以使用数学函数来解决生活中的很多计算问题。

【例 2-3】　已知一个三角形的三条边,求三角形的面积。

```
♯2-3.py
import math
a,b,c = eval(input("请输入三角形三条边的长度:"))
p = (a+b+c)/2    ♯周长的一半
s = math.sqrt(p*(p-a)*(p-b)*(p-c))    ♯海伦公式求面积
print("三角形的面积为:",s)
```

程序运行结果:

```
请输入三角形三条边的长度:2.87,3.95,1.89
三角形的面积为:2.54
```

【例 2-4】　已知一个复数,求其辐角主值(角度形式)。

```
♯2-4.py
import math
z = 15+12j
r = math.sqrt(z.real**2 + z.imag**2)
r_angle = math.atan(z.imag/z.real)
d_angle = math.degrees(r_angle)
print("z 的辐角为:", round(d_angle,2),"°")
```

程序运行结果：

z 的辐角为：38.66°

### 2. 比较运算符

比较运算符用于同一类型的两个数据之间的比较运算，也称关系运算。Python 中的比较运算符如表 2.6 所示。

表 2.6　比较运算符

| 运算符 | 描　述 | 实例 |
|---|---|---|
| == | 等于，比较两个数字类型或字符串之间是否相等，相等返回 True，否则返回 False | 2==3，返回 False<br>'ab'=='ab'，返回 True |
| != | 不等于，比较两个数字类型或字符串之间是否相等，相等返回 False，否则返回 True | 2!=3，返回 True |
| > | 大于，比较两个个数字类型（除复数外）或字符串数据的大小关系 | 2>3，返回 False<br>'sub'>'str'，返回 True |
| < | 小于，比较两个个数字类型（除复数外）或字符串数据的大小关系 | 2<3，返回 True |
| >= | 大于或等于，比较两个个数字类型（除复数外）或字符串数据的大小关系 | 2>=3，返回 False |
| <= | 小于或等于，比较两个个数字类型（除复数外）或字符串数据的大小关系 | 2<=3，返回 True |

比较运算符的运算结果为布尔类型。值得注意的是，Python 中复数类型的数据能直接进行"＝＝"和"！＝"的比较关系判断，但不能直接进行其他大小的比较。

### 3. 逻辑运算符

布尔类型数据可通过逻辑运算符进行运算，如表 2.7 所示。

表 2.7　逻辑运算符

| 运算符 | 描　述 | 实例 |
|---|---|---|
| and | 布尔"与"：x and y，如果 x 为 False 或 0，则返回 x 的值，否则它返回 y 的计算值 | 5 and 9 返回 9<br>False and True 返回 False |
| or | 布尔"或"：x or y，如果 x 为 True 或非 0，则返回 x 的值，否则它返回 y 的计算值 | 5 or 9 返回 5<br>0 or False 返回 False |
| not | 布尔"非"：not x，如果 x 为 True 或非 0，则返回 False；如果 x 为 False 或 0，则返回 True | not 5 返回 False<br>not 0 返回 True |

### 4. 成员运算符

在序列（参见 2.6 节组合数据类型）操作中，常需要判断一个元素是否在一个序列中，这时就需要用成员运算符。

表 2.8　成员运算符

| 运算符 | 描　述 | 实例(y 为序列) |
|---|---|---|
| in | 如果在指定的序列中找到值，则返回 True，否则返回 False | x in y，如果 x 在 y 中，则返回 True，否则返回 False |
| not in | 如果在指定的序列中没有找到值，则返回 True，否则返回 False | x not in y，如果 x 不在 y 中，则返回 True，否则返回 False |

例如,

```
>>> y = "Welcome to Python World!"
>>> 'W' in y
True
>>> "Python" in y
True
>>> "Python" not in y
False
>>> 'a' in y
False
```

由数据和相应运算符组合在一起构成的式子称为表达式,表达式的正确性关键在于参与运算的数据要和运算符相匹配。例如,算术运算符只能对数字类型数据进行计算,而不能对数字类型数据和字符串数据进行算术运算,即数字类型数据只能和数字类型数据相比较,字符串只能和字符串相比较。

一个表达式中可以出现一到多个运算符,这时需要按照运算符的优先级顺序进行运算,运算符的优先级如表2.9所示,由高到低依次进行,当然,可以像数学运算中一样,通过圆括号"()"来改变运算顺序,同时,适当在表达式使用圆括号,可以使语句更加直观易于理解。

表 2.9　运算符优先级

| 运算符 | 描　　述 | 优先级 |
|---|---|---|
| ＊＊ | 指数（最高优先级） | 高 |
| ＋、－ | 正、负号 | |
| ＊、/、％、// | 乘、除、取模和取整除 | |
| ＋、－ | 加法、减法 | |
| <=、<、>、>= | 比较运算符 | |
| ==、!= | 等于运算符 | |
| =、％=、/=、//=、－=、＋=、＊=、＊＊= | 赋值与增强运算符 | |
| in、not in | 成员运算符 | |
| not | 逻辑运算符 | 低 |
| and | | |
| or | | |

表达式的运算结果的数据类型取决于最后一次运算的类型。

例如,

```
>>> x = 0
>>> y = 1
```

```
>>> x + y and True    #x + y = 1,当 True 处理,两个真与结果还是真
True
>>> y = 0
>>>(x + y) and True   #and 前面为 0,直接返回 and 前面的值
0
```

# 2.5　print()函数与格式化输出

Python 中的 print()函数用于将输出项信息输出到屏幕上,各个输出项之间用“,”隔开即可。输出时各输出项之间默认用一个空格隔开,可以通过修改 sep 属性值设置各个输出项之间的分隔符。此外,在所有输出项输出完成后,会自动在结尾加一个换行符“\n”,即移动到下一行开头的位置,也可通过修改 end 属性值设置使用其他字符串作为输出结束符。

```
>>> print('Python','is','fun')
Python is fun
>>> print('Python','is','fun',sep ='* *')
Python * * is * * fun
>>> print('Python','is','fun',end = '~-~')
Python is fun~-~>>>        #在 cmd 命令行窗口中可见末尾的换行符被替换
```

## 2.5.1　格式化浮点数输出

如例 2-1 程序中所见,Python 中的浮点数默认的输出结果是显示 17 位有效数字,所以会出现小数点后有很多位的情况,但在现实应用中往往并不需要那么多的位数,例如,在计算金额的时候,以元为单位,只需要保留小数点后面第 2 位即可。为了满足这个需求,可以用 round()函数实现,编写如下代码:

```
>>> price = 0.15
>>> amount = 12
>>> total = price * amount
>>> print("total prices is ",round(total ,2))
total price is  1.8
```

从执行结果看,格式依然不正确,现实中希望是 1.80 而不应是 1.8。对此,Python 提供了 format()函数来控制确定的输出结果,修改最后一句代码如下:

```
>>> print("Total price is ",format(total ,'.2f'))
Total price is  1.80
```

由此可见,可以通过 format()进行格式化输出,format()函数的使用语法为

```
format(value [, format_spec])
```

value 可为数字或字符串,format_spec 用于说明对 value 进行格式化的规则,函数最终会返回 value 按照 format_spec 规则格式化后的字符串。

对于浮点数,可以使用"m.nf"作为规则进行格式化,其中,m 是整个数据的宽度,n 是精确度,即保留到小数点后第 $n$ 位。如果数据的整体宽度大于 m,则按实际宽度输出。

```
print("1234567890")
print(format(3.141592653589793,"10.2f"))
print(format(314,"10.2f"))
print(format(3.14,"10.2f"))
print(format(3141592653.589,"10.2f"))
```

运行程序显示结果如下:

```
1234567890
      3.14
    314.00
      3.14
3141592653.59
```

作为对比,第一行语句先输出 10 个数字,从运行结果可以看出,如果格式化后的字符小于指定宽度 m,则会在前面用空格补足,小数点也需要计一个宽度。如果精确度小于 n,则会在后面以 0 补足。如果格式化的宽度比指定的宽度大,则按实际的宽度输出,因此最后一句输出的实际宽度为 13。宽度 m 可省略,如果省略,则默认为 0,即输出按实际输出自动调整。

```
>>> print(format(3.141592653589793,"0.3f"))
3.142
```

浮点数也可以用科学计数法来进行格式化,只需要将上面的 f 修改为 e 或 E 即可。

```
print("1234567890")
print(format(3.141592653589793,"10.2e"))
print(format(3145,"10.2e"))
print(format(3.145,"10.2e"))
print(format(0.03145,"10.2e"))
```

显示结果:

```
1234567890
  3.14e + 00
  3.14e + 03
  3.15e + 00
  3.14e - 02
```

需要注意,这里的符号"＋"或"－"和"e"或"E"也算一个宽度。

也可以使用"％"替换 f,即将数字格式化成百分数输出。程序会自动将数字乘以100,再加上"％"后输出,"％"计一个宽度。

```
print("1234567890")
print(format(3.141592653589793,"10.2%"))
print(format(3145,"10.2%"))
print(format(3.145,"10.2%"))
print(format(0.03145,"10.2%"))
```

显示结果:

```
1234567890
314.16%
314500.00%
   314.50%
     3.15%
```

### 2.5.2　格式化整数输出

对于整数,可以使用"b""o""d""x/X""c"将整数格式化为二进制整数、八进制整数、十进制整数、十六进制整数、整数对应的 Unicode 字符,同时可以指定转换的宽度。

```
print("1234567890")
print(format(31415,"10b"))
print(format(31415,"10o"))
print(format(31415,"10d"))
print(format(31415,"10x"))
print(format(42,"10c"))
```

显示结果:

```
1234567890
111101010110111
     75267
     31415
      7ab7
         *
```

"10b"将整数格式化为 10 位宽度二进制整数,由于转换结果大于 10 位,按实际宽度输出。"10o"将整数格式化为 10 位宽度八进制整数。"10d"将整数格式化为 10 位宽度十进制整数。"10x"将整数格式化为 10 位宽度十六进制整数。

在格式化过程中,可以控制对齐方式,使用字符"<"">"和"^"来控制数据显示为左对齐、右对齐和居中对齐,不指定时默认使用右对齐。

```
print("1234567890")
print(format(3.1415,"10.2f"))
print(format(3.1415,"<10.2f"))
print(format(31415,"^10x"))
```

显示结果:

```
1234567890
      3.14
3.14
    7ab7
```

第二行语句输出 10 位宽度精确到小数点后两位的浮点数,默认使用右对齐。第三行语句用"<"指定了左对齐。第四行语句输出 10 位宽度的十六进制整数,使用"^"号指定为居中对齐。

### 2.5.3 格式化字符串输出

可以如整型数据、浮点数据一样使用 format()函数将字符串以指定宽度输出,只需要在指定宽度的数字后面加上一个"s"即可,同样可以指定对齐方式,不同于前面的是,字符串默认的对齐方式是左对齐。

```
print("1234567890")
print(format("Python","10s"))
print(format("Python",">10s"))
print(format("Python","^10s"))
```

显示结果:

```
1234567890
Python
      Python
  Python
```

"10s"指定字符串输出总宽度为 10,第二行语句没有指定对齐方式,使用默认的左对齐方式,第二行指定右对齐,第三行指定居中对齐。

除上面将字符串作为一个参数传给 format()函数进行格式化的方法以外,字符串本身还有一个 format()方法,即可以使用 str.format()的方式对字符串进行格式化。这种方式可以使数据的输出形式更接近于自然语言。字符串 format()的基本格式为

<字符串参数模板>.format(参数 1,参数 2,…)

其中 format()的参数可以是整数、浮点数或字符串。字符串参数模板的模式为"{[<参数序号>:<格式控制>]}"。模板以大括号为标志,括号中两部分都是可选项,其中参数序号

就是 format()中对应的参数顺序(从 0 开始),参数序号省略时按默认顺序。格式控制包括填充字符(不指定时默认使用空格填充)、宽度、对齐方式、精度(浮点数和字符串)、数字千位分隔符(,)(整数和浮点数)、类型,这些使用规则跟前面是一致的。

```
print("{} {} {}".format("Welcome","to","China"))
print("{1} {0}".format("Python","Hello"))
print("{0:> 16}".format("Python"))
print("{0: *^16}".format("Python"))
```

显示结果:

```
Welcome to China
Hello Python
            Python
*****Python*****
```

程序第一行没有指定序号,所以采用默认顺序输出。第二行按指定序号先输出序号为 1 的参数,再输出序号为 0 的参数,所显示的顺序和 format 后面括号里的内容顺序是反过来的。第三行指定宽度为 16 并且指定右对齐,没指定填充符号,默认使用空格填充。第四行指定宽度 16,指定中间对齐并且使用星号填充。

对于浮点数,精度的指定方法与前文一致,但对于字符串来说,精度则是指输出的最大长度。数字的千位分隔符用于指定浮点数与整数的三位分隔符号。

```
>>> "{0:.4f}".format(3.1415926)        # 浮点数指定小数点后位数输出
'3.1416'
>>> "{0:.4}".format("Python")          # 字符串最大输出位数
'Pyth'
>>> "{0: *^15,}".format(31415926)       # 指数字千位分隔符为逗号
'** 31,415,926 ***'
>>> "{0: *^15,}".format(31415.926)
'** 31,415.926 ***'
```

对于浮点数,类型指的是小数、科学记数法、百分数等表示形式。对于整数,类型以规定进制或整数对应的 Unicode 字符输出。

```
>>> "{0:2e},{0:2f},{0:2 %}".format(3.1415926)
'3.141593e + 00,3.141593,314.159260 %'
>>> "{0:b},{0:d},{0:o},{0:X},{0:c}".format(42)
'101010,42,52,2A,*'
```

### 2.5.4  f-string 格式化

在 Python 3.6+的版本中,引入一个 f-string 的形式,使得格式化输出更加简洁明了

和高效。f-string 是在字符串前面加上 f 或 F 修饰符来进行格式化,即"f'xxx'"或"F'xxx'",其中单引号"''"可替换为双引号"""""或三引号""""""或("""""")。

f-string 形式格式化是在字符串中以大括号"{}"形式标明要被替换的字符。"{}"中的内容格式为:

{内容[:<格式控制>]}

其中,内容为必选项,可以是任意类型的变量或表达式。格式控制为可选项,规则与前面 format 格式化规则类似。

【例 2-5】 f-string 格式化输出。

```
#2-5.py
from datetime import datetime      #详见第四章有相关介绍


#Python 第一个公开版本发布时间
firstv = 1991


#取得当前日期时间并格式化后存放到变量中
today = datetime.now()
date = today.strftime("%Y-%m-%d")
time = today.strftime("%H:%M:%S")


#计算到 python 发布的时间
age = int(today.year) - firstv


print(f'{" * " * 24}')
print(f'Today is {date}')      #日期,默认用左对齐
print(f'{"Now is " + time :> 24}')    #右对齐,用空格填充
print(f"I'm Python ,I'm {age} ")
print(F'{"Welcome to Myworld":-^24}')    #中间对齐,用(-)填充
print(f'{" * " * 24}')
```

程序运行结果:

```
* * * * * * * * * * * * * * * * * * * * * * * *
Today is 2019-05-04
        Now is 12:39:12
I'm Python ,I'm 28
---Welcome to Myworld---
* * * * * * * * * * * * * * * * * * * * * * * *
```

在程序中使用 Python 用于处理时间的标准函数是 datetime。datetime.now()返回

的是一个 datetime 类型对象,包含系统当前的日期和时间。strftime()是 datetime 中提供的时间格式化的方法,可按固定格式输出日期和时间。关于 datetime 的使用方法可参考 Python 参考手册或网上资料,这里不再赘述。从程序中可以看到,使用 f-string 方式的格式化的控制规则和前面都是一样,但这种方式更简洁直观一些,推荐使用。

## 2.6　组合数据类型

除基本数据类型外,Python 中还有组合数据类型,包括序列、映射和集合。序列的概念来自数学,即每个元素之间有先后关系,并可以通过序号访问。Python 中的序列数据类型包括字符串、列表和元组,这些类型有一些共同的操作方法,同时也有各自的特征,应用于不同的场合。

### 2.6.1　字符串

字符串的定义方法如前所述,可以用一对单引号""、双引号""""或三引号""""""将字符引起来定义,也可以使用前面提到的类型转换函数 str(),如

```
>>> str(3.1415926)    #将一个浮点数转成字符串
'3.1415926'
>>> s1 =   str()  #定义一个空字符串
>>> s2 =   str("Welcome") #定义一个字符串并赋值 Welcome
```

字符串是现代计算机信息处理中最重要的内容之一,Python 可以使用下标运算符、自带函数、字符串运算符等对字符串进行操作。

**1. 下标运算符[]**

可以使用字符串的下标对字符串进行访问和操作,下标的标号可以从正向开始,也可以从反向开始。注意正向是从"0"开始的,反向是从"-1"开始的,如图 2.1 所示。

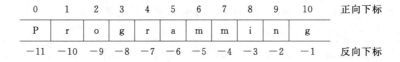

图 2.1　字符串下标

可以通过字符串的下标访问字符串中指定位置的字符。反向下标更适合访问距离字符串末尾较近的字符。例如,

```
>>> s1 = "Programming"    #下标 5 和 -6 指向的都是同一个字符 a
>>> s1[5]
'a'
>>> s1[-6]
'a'
>> s[-1]    #虽然也可用 s1[10]访问,但是 s[-1]更直观
```

'g'

需要注意的是,字符串一旦创建出来后,其里面的内容就不能再改变了,因此不能通过下标运算符来改变字符串的某一个元素。

```
>>> s1 = "Programming"
>>> s1[0] = 'Q'
Traceback (most recent call last):
  File "<stdin>", line 1, in <module>
TypeError: 'str' object does not support item assignment
```

如果想改变里面的内容,可以通过重新对字符串赋值来改变,但注意,这时实际是产生了一个新字符串,原来的字符串就不能访问了。

```
>>> s1 = "Programming"
>>> id(s1)
2291806964656
>>> s1 = "Qrogramming"
>>> id(s1)
2291806984688      # id 已经改变,所以 s1 是个新字符串
```

实际上,如果两个字符串的内容相同,则为优化性能,在 Python 中,它们是同一个对象,有相同的 id。

```
>>> s1 = "Python"
>>> s2 = "Python"
>>> id(s1)
2291804550192
>>> id(s2)          # 两者 id 一样
2291804550192
```

**2. 截取运算符[start:end]**

从字符串中截取从下标 start 到 end−1 的一个子串,注意不包含 end 下标对应的字符。

```
>>> s1 = "Programming"
>>> s1[1:4]
'rog'
>>> s1[1:-1]      # 不包括最后一个字符
'rogrammin'
```

可以省略 start 或 end 或者全部省略。当省略 start 时,从头开始取,直到 end−1 结束;当省略 end 时,到末尾结束;当全部省略时,取整个字符串。

```
>> s1 = "Programming"
```

```
>>> s1[:-1]      #从头开始截取
'Programmin'
>>> s1[1:]       #从指定下标开始一直到末尾
'rogramming'
>>> s1[:]        #取整个字符串
'Programming'
```

### 3. 使用内置函数操作字符串

(1) len():返回字符串的字符个数。

(2) max():返回字符串中 ASCII 最大的字符。

(3) min():返回字符串中 ASCII 最小的字符。

```
>>> s = "Python"
>>> len(s)
6
>>> max(s)
'y'
>>> min(s)
'P'
```

因为 s 有 6 个字符,所以 ben(s)返回 6。在 ACSII 码中,小写字母的值要大于大写字母,字符串中只有"P"是大写,所以 min(s)就是它。字母大小写相同的情况下,以字母排列顺序确定大小。

### 4. "+"(连接运算符)、"*"(复制运算符)和"in/not in"(成员运算符)

```
s1 = "Welcome"
s2 = "China "
s3 = s1 + " to " + s2
print(s3)
s4 = s2 * 5       #复制 5 次
print(s4)
print('We' in s1)     #测试某个字符(串)是否在另一个字符串中
print('come' not in s1)
```

输出:

```
Welcome to China
China China China China China
True
False
```

可以看到,这里的"+"并不是指作数值加法运算,而是表示把两个字符串拼接到一起。"*"不是作乘法,而是对字符串进行复制,另外数字可以放"*"前面,也可以放"*"

后面,如 s4＝5＊s2 和上面第五行语句是等价的。成员运算符用于判断一个字符(串)是否在另一个字符串中。

**5. 字符串方法**

字符串类型数据可以被看作是字符串类的对象,在面向对象编程中,对象往往都会提供一些方法方便地对字符串进行操作,字符串类型数据具有搜索、转换、删除等操作方法,使用时通过“字符串对象.字符串函数(参数)”的方式使用。

(1)搜索子串

对表 2.10 所示的字符串搜索方法的测试如下:

>>> s = "python program"
>>> s.endswith('program')  ♯搜索字符串 s 是否是以 program 结束
True
>>> s.find('python')  ♯返回 python 在字符串 s 中的最小下标
0
>>> s.count('o')  ♯计算字符 o 在字符串 s 中出现的次数
2

字符串 s 以“program”结尾,所以“s.endswith('program')”返回的是 True。字符“p”在 s 中出现了两次,第一次出现在开头,所以返回其下标“0”。字母“o”在 s 中出现了两次,所以返回数字 2。

表 2.10　字符串搜索方法

| 函数 | 返回值 | 描　述 |
| --- | --- | --- |
| str.endswith(s1) | bool | 如果字符串 str 是以子串 s1 结尾,则返回 True,否则返回 False |
| str.startswith(s1) | bool | 如果字符串 str 是以子串 s1 开始,则返回 True,否则返回 False |
| str.find(s1) | int | 返回字符串 str 中 s1 最早出现的起始下标,若不存在则返回－1 |
| str.rfind(s1) | int | 返回字符串 str 中 s1 最后出现的起始下标,若不存在则返回－1 |
| str.count(substring) | int | 返回子串 substring 在字符串 str 中出现的无覆盖的次数 |

(2)转换字符串

还是注意,因为字符串是不可变对象,任何转换都不会改变原字符串,这里的转换只是返回一个新字符串。如果要使用生成的新字符串,需要把它赋给一个变量。

表 2.11　字符串转换方法

| 函数 | 返回值 | 描　述 |
| --- | --- | --- |
| capitalize() | str | 返回这个复制的字符串并大写第一个字符 |
| lower() | str | 返回这个复制的字符串并将所有字母转换成小写的 |
| upper() | str | 返回这个复制的字符串并将所有字母转换成大写的 |
| title() | str | 返回这个复制的字符串并大写字符串中每个单词的第一个字符 |

续 表

| 函数 | 返回值 | 描　述 |
|---|---|---|
| swapcase() | str | 返回这个复制的字符串,并将小写字母转换成大写的,大写字母转换成小写的 |
| replace(old,new) | str | 返回一个新的字符串,用一个新的字符串 new 替换旧字符串中 old 子串所出现的地方 |

对表 2.11 所示的字符串转换方法的测试如下:

```
>>> s = "python program"
>>> s.capitalize()　　♯复制字符串 s,并将首字母大写后返回
'Python program'
>>> s.title()　♯复制字符串 s,并大写每一个单词的首字母后返回
'Python Program'
>>> s.replace('python','java')　　♯复制字符串 s,将 python 替换为 java 后返回
'java program'
```

(3) 删除字符串中出现的空白字符

当从 word、网页等地方复制文本时,往往会包含一些像空格、"\t""\f""\r"和"\n"这样的空白字符,字符串方法中提供了去除字符串前后端空白字符的方法,如表 2.12 所示。

表 2.12　字符串转换方法

| 函数 | 返回值类型 | 描　述 |
|---|---|---|
| lstrip() | str | 返回去掉前端空白字符的字符串 |
| rstrip() | str | 返回去掉末端空白字符的字符串 |
| strip() | str | 返回去掉两端空白字符的字符串 |

例如,

```
>>> s = "\n Hello Python \t"
>>> s
'\n Hello Python \t'
>>> s1 = s.lstrip()
>>> s1
'Hello Python \t'
>>> s2 = s.rstrip()
>>> s2
'\n Hello Python'
>>> s3 = s.strip()
>>> s3
'Hello Python'
```

程序中的第四行使用 s. rstrip()去掉了字符串 s 开头的换行符"\n"并返回,第八行则用 s. rstrip()去掉字符串 s 末尾的"\t"并返回,倒数第三行则用 s. strip()把两端的空白字符都去掉并返回。

**【例 2-6】** 统计《Python 之禅》文本中总的单词个数。

```
♯2-6.py
import this
♯导入 Zen of Python 到字符串中
str1 = "".join([this.d.get(c, c) for c in this.s])
♯用去除所有的".",并用空格代替回车换行
str2 = str1.replace('.','').replace('\n',' ')
str2 = str2.replace('- -',' ').replace('*','').replace('! ','')
str2 = str2.lower()   ♯将所有字母变成小写
print("文中总共有:",len(str2.split()) ,"个单词")
```

运行结果:

```
The Zen of Python, by Tim Peters

.

.

.

Namespaces are one honking great idea -- let's do more of those!
文中总共有:143 个单词
```

例 2-6 程序中将原文存储在字符串变量 str1 中,其中包含非单词字符。程序先去除各种标点,并把回车字符用空格代替,再用字符串的 lower()方法和 split()方法将字符串全部小写后转换成单词列表,最后调用 len()函数统计单词个数。

### 2.6.2　列表

列表即元素的有序集合,列表中的元素数据类型可以是任意数据类型,Python 中允许元素类型不一样。所有元素放在一对方括号"[]"内,相邻两个元素用逗号分隔。

可以用方括号对"[]"直接创建列表,也可以用 list()函数来创建列表。

```
list1 = []   ♯定义
list2 = [2,3,4]
list3 = ["red","green",10]
```

下面语句可实现上面语句的等价效果。

```
list1 = list([])   ♯创建一个空列表,注意括号里带中括号[]
list2 = list([2,3,4])   ♯创建一个元素全为整数的列表
list3 = list(["red","green",10]) ♯创建一个元素为混合类型的的列表
```

可以配合使用 for 语句和 range() 函数来快速创建一个顺序数字列表,有关 for 语句和 range() 函数的使用方法见第 3 章。

```
>>> list1 = [x for x in range(1,6)]
>>> list1            #生成包含 1~5 五个元素的列表
[1, 2, 3, 4, 5]
>>> list2 = [3.14 * (x * * 2) for x in list1]
>>> list2                  #对列表 list1 中的每个元素计算后生成新列表
[3.14, 12.56, 28.26, 50.24, 78.5]
```

同字符串一样,也可以使用内置函数 len()、max()、min()、sum()对列表中的元素进行操作。

```
>>> list1 = [1,3,6,8]
>>> sum(list1)
18
>>> len(list1)
4
>>> max(list1)
8
```

上面语句分别使用 sum()、len()、max()函数对一个包含整型数据的列表进行求和,统计元素个数和寻找最大值。需要注意的是,sum()仅针对数字类型的数据有用。另外,当列表中的元素类型不一时,max()和 min()操作函数可能无法使用。

```
>>> list1 = [1,3,6,8]
>>> list2 = ['p','y','t','h','o','n']
>>> list3 = list1 + list2    #列表拼接
>>> list3
[1, 3, 6, 8,'p','y','t','h','o','n']
>>> sum(list2)     #字符无法求和
Traceback (most recent call last):
  File "<stdin>", line 1, in <module>
TypeError: unsupported operand type(s) for + :'int'and'str'
>>> max(list3)    #不同类型的数据无法比较大小
Traceback (most recent call last):
  File "<stdin>", line 1, in <module>
TypeError:'>'not supported between instances of 'str'and'int'
```

上面的例子中 list2 是字符串类型,所以没法求和。list3 中的元素既有整型数据,也有字符串型数据,所以没法用 max()和 min()去比较大小。

列表同样可以使用下标运算符"[]"、截取运算符"[start:end]"和"+""*""in/not in"来访问其中的元素,对列表进行拼接、复制以及判断一个元素是否在列表中。

```
>>> list1 = [1,3,6,8]
>>> list1 * 3    #复制列表
[1, 3, 6, 8, 1, 3, 6, 8, 1, 3, 6, 8]
>>> list1[0:2]    #对字符串进行截取
[1,3]
>>> 8 in list1
True
```

第二行语句对 list1 进行了三次复制,生成了一个新的列表。列表的下标编号规则和字符串是一样的(其实也是序列编号规则),访问其中的元素的时候也一样,注意截取的时候不包含 end 下标。因为 8 在列表中,所以第六行语句执行后返回 True。

列表还可以用比较运算符("＞""＞＝""＜""＜＝""＝＝""！＝")进行比较,但要注意进行比较的两个列表必须包含同样类型的元素。进行比较时,按顺序依次比较相同位置的两个元素,如果不同就根据当前两个元素的比较结果决定列表的比较结果;如果相同,则继续比较接下来的两个元素;如果一直重复到比较完所有的元素都相同,则判断两个列表相等。数字类型元素比较数值大小,字符串类型元素比较 ASCII 码值。

```
>>> list1 = [1,3,6,8]
>>> list2 = [1,3,9,8]
>>> list1 > list2
False
>>> list1 <= list2
True
```

在上例中 list1 和 list2 的前两个元素一样,第三个元素 list1 比 list2 小,所以:list1 > list2 返回 False,list1 <= list2 返回 Ture。

除了以上操作,列表作为一个对象类型,其同样内置了一些可以对列表进行操作的方法,如表 2.13 所示。

**表 2.13　常用列表操作方法**

| 函数 | 返回值类型 | 描　述 |
|---|---|---|
| append(x) | None | 将元素 x 添加到列表结尾 |
| count(x) | int | 返回元素 x 在列表中的出现次数 |
| extend(list) | None | 将 list 列表中的所有元素追加到当前列表中 |
| pop(i) | object | 删除并返回下标 i 位置的元素,i 省略时删除并返回列表的最后一个元素 |
| index(x) | int | 返回元素 x 在列表中第一次出现的下标 |
| insert(i, x) | None | 将元素 x 插入列表下标 i 处 |
| remove(x) | None | 删除列表上第一次出现的 x 元素 |

续 表

| 函数 | 返回值类型 | 描 述 |
|------|-----------|-------|
| reverse() | None | 将列表中的所有元素倒序 |
| sort() | None | 以升序方式对列表中的元素排序 |

例如,

```
lis1 = []
for i in range(1, 30):
    if i % 3 == 0:
        lis1.append(i)
print(lis1)
list2 = [76, 32, 54, 76, 23]
print(list2.count(76))
list2.sort()
print(list2)
list2.reverse()
print(list2)
```

运行结果:

```
[3, 6, 9, 12, 15, 18, 21, 24, 27]
2
[23, 32, 54, 76, 76]
[76, 76, 54, 32, 23]
```

上面语句定义了一个空列表,依次把从 1 到 29 的整数依次与 3 取余,如果能整除则把该数用 append()方法加入列表中。第 8 行语句用 count()方法查找 76 在 list2 中出现的次数,76 共出现了两次,所以返回的结果是 2。第 10 行语句使用 sort()方法对 list2 里的元素按从小到大的规则进行了一个排序,后面再用 reverse()函数进行倒序排列。

有时,可能需要从控制台依次输入数据,然后再把这些数据组成一个列表,这时可以使用循环配合 append()方法来实现。

【例 2-7】 从控制台依次输入数据并加到列表中。

```
#2-7.py
list1 = []  #先创建一个空列表
print("请依次输入 5 个数据,每个数据以回车结束:")
for i in range(5):
    temp = eval(input())
    list1.append(temp)
print(list1)
```

运行结果：

请依次输入 5 个数据,每个数据以回车结束:

21

34

12

54

87

[21,34,12,54,87]

对于字符串,其有个内置方法 split(),可以以某个字符为界(如逗号、分号、换行符等)将字符串分割成列表,没有填写分割符时以空白字符分割。

```
>>> date = "2019/09/01"
>>> datelist = date.split('/')   #以"/"分割出年月日
>>> datelist
['2019','09','01']
>>> s1 = "Hello Welcome to China"
>>> lst = s1.split()   #不指定字符,以空格分割
>>> lst
['Hello','Welcome','to','China']
```

在以上语句中,date 是一种常见日期数据格式,但常要分别提取年月日,因为 date 中间有斜杠"/",所以这里以"/"为分隔符先转成列表,后面再用列表下标就可以访问单独的年月日数据了。第六行语句不指定分割符号,默认以空格将 s1 中的单词分割为列表。这种方式在统计一篇英文文章中的单词数时常常会用到。

最后,对于例 2-7 中的情况,有时可能更喜欢连续输入多个数据,数据和数据之间用空格分开,这时就可以采用 split()方法。

【例 2-8】　一次输入一组数据,数据之间用空格分开,并存入列表。

```
#2-8.py
data = input("请输入 5 个数据,数据间以空格分隔:")
temp = data.split()   #默认以空格分割数据
list1 = [eval(i) for i in temp]
print(list1)
```

运行结果：

请输入 5 个数据,数据间以空格分隔:34 92 21 87 23

[34,92,21,87,23]

### 2.6.3　元组

元组(Tuple)跟列表类似,但是元组中的元素是固定的,也就是说,一旦一个元组被创建,就无法对元组中的元素进行添加、删除、替换或者重新排序等修改操作。当程序中不想再对一个序列中的内容进行修改或者为防止后续操作对数据进行修改时,就可以用元组来定义变量。元组的所有元素放在圆括号"()"对内,元素之间用英文半角逗号","隔开。元组可用圆括号"()"直接创建,也可用 tuple()创建。

```
t1 = ()  #创建一个空元组
t2 = (1,3,5)
t3 = tuple([2 * x for x in range(1,5)])   #运行结果 t4 = (2, 4, 6, 8)
t4 = tuple("python")    #将字符串转换成元组('p', 'y', 't', 'h', 'o', 'n')
t5 = ("python",) #只有一个元素,注意一定要在元素后加上","号
```

第一行语句创建了一个空元组,因为元组的不可修改性,所以实际上这只是一个占位,后续可以赋给其一个新的元组,注意,这时产生的元组是一个新元组。第二行语句创建了一个有三个整型数据类型元素的元组。第三行语句先配合 for 语句和 range()函数,产生一个列表,再用 tuple()把列表转换成元组,事实上 tuple()主要用于类型转换,很少用于创建元组。

需要注意的是第五行语句,虽然元组只有一个元素,但后面的逗号不能少。如果不加逗号,则会被当成元素本身的类型创建。例如。

```
>>> t1 = (1,)
>>> t2 = (1)
>>> t3 = ("python")
>>> type(t1)
<class 'tuple'>
>>> type(t2)   #t2 是个整数
<class 'int'>
>>> type(t3)   #t3 是个字符串
<class 'str'>
```

t1 和 t2 都只有一个整型元素,不同的是 t1 的 1 后面加了逗号,t3 的括号里只有一个字符串且后面没有逗号,所以后面检查数据类型时 t1 是个元组,t2 则被当成了整数创建,t3 是个字符串。

元组属于序列,所以同样可以用下标和截取运算符来对元组内的元素进行访问。

```
>>> t1 = (1,2,3,4,5,6)
>>> t1[4]
5
>>> t1[-3]
```

4

```
>>> t1[1:]
(2, 3, 4, 5, 6)
```

第二行语句以正序的方式访问元组中的第五个元素。第四行语句以反序的方式访问元组中的倒数第三个元素。第六行语句从访问第一个元素开始，一直访问到末尾的元素。

也可以用"＋"和"＊"对元组进行组合产生新元组，注意，这里只能生成新元组，而不能对元组中的元素进行修改。

```
>>> t1 = (1,2,3,4,5,6)
>>> t2 = (7,8)
>>> t3  =  t1 + t2
>>> t3
(1, 2, 3, 4, 5, 6, 7, 8)
>>> t4 = t2 * 2
>>> t4
(7, 8, 7, 8)
```

元组中的元素虽然不能修改、删除、替换等，但是可以用 del 语句来删除整个元组。

```
>>> t1 = (1,2,3,4,5)
>>> t1
(1, 2, 3, 4, 5)
>>> del t1
>>> t1    ♯元组已删除，不能访问
Traceback (most recent call last):
  File "<stdin>", line 1, in <module>
NameError：name 't1' is not defined
```

因为第四行语句删除了前面创建的元组变量，变量在系统中就不存在了，所以第五行语句试图再去访问该变量，系统只能报变量未定义的错。

同样，可以用 len()、max()、min()、sum()等函数对元组进行运算。

```
>>> t1 = tuple([2 * x for x in range(1,5)])
>>> t1
(2, 4, 6, 8)
>>> len(t1) ♯返回元组长度（元素个数）
4
>>> max(t1)   ♯返回元组中最大的元素
8
>>> sum(t1)   ♯返回元组所有元素之和
20
```

### 2.6.4 字典

无论是列表还是元组,都是通过下标对其中的元素进行访问,也就是说,只能通过序号来找到一个元素。在现实应用中有很多时候是通过一个值来找到另一个值的,例如,通过学生学号来找到学生姓名,通过商品名称来找到价格,等等。这时使用字典类型更为合适。字典(Dict)是 Python 中唯一的映射类型,这种映射类型的数据由键(Key)和值(Value)组成,是键值对的无序可变序列。

Python 通过大括号"{}"来创建字典,大括号中使用键值对"<键>:<值>"的形式来创建元素,元素和元素之间用英文半角逗号","分开,一个字典中可以有一到多个元素。键和值可以是任意数据类型,包括自定义的数据类型。字典中的每个键在原则上只能对应唯一的一个值,如果出现重复的键,则相当于修改该键对应的值。

```
students = {"185100001":"John", "185100003":"Peter", "185100005":"Lilei"}
dict1 = {}        #创建一个空字典
```

对于已创建字典,可以通过"<字典变量名>[<键>] = <值>"的形式向字典中添加新的元素或修改其中已存在的元素,可以通过"del <字典变量>[<键>]"来删除其中的元素。如果要查找字典中特定键对应的值,则通过"<字典变量>[<键>]"来实现。

例如,下面是学号与姓名一一对应的字典:

```
>>> students = {"185100001":"John", "185100003":"Peter", "185100005":"Lilei"}
>>> students["185100010"] = "Hanmeimei" #添加新的元素
>>> students
{'185100001':'John', '185100003':'Peter', '185100005':'Lilei', '185100010':'Hanmeimei'}
>>> del students['185100005']
>>> students
{'185100001':'John', '185100003':'Peter', '185100010':'Hanmeimei'}
>>> students['185100003']
'Peter'
>>> students["185100003"] = "Sirius"     #修改其中一个键对应的值
>>> students
{'185100001':'John', '185100003':'Sirius', '185100010':'Hanmeimei'}
```

第一行语句创建了一个包含三个学生信息的学生字典,第二行语句往里添加了一个新的学生,接着第四行语句用 del 删除了一个学生信息。倒数第三行语句虽然跟第二行语句的形式是一样的,但是因为键""185100003""已经存在,所以倒数第三行语句实际是修改该键所对应的值,而不是新添加一个键值对。

字典支持使用 len()函数来统计字典中的条目,使用成员运算"in"或"not in"来判断一个键是否在字典中,也支持用 "=="和"!="来检测两个字典是否包含有相同的条

目。例如，

```
>>> st1 = {"185100001":"John", "185100003":"Peter", "185100005":"Lilei"}
>>> len(students)
3
>>> "185100005" in st1
True
>>> st2 = {"185100003":"Peter", "185100005":"Lilei","185100001":"John"}
>>> st1 != st2
False
>>> st1 == st2
True
```

上面的语句用 len() 统计字典中的条目个数，因为在 st1 中共有三个条目，所以返回的是 3。第四行语句用"in"来判断键""185100005""是否在 st1 中，返回 True。字典 st1 和 st2 虽然键值对的顺序不一样，但是内容是一样的，所以两个字典是相等的。

除了上述字典基础操作外，字典本身还自带一些操作方法，这些操作方法用于灵活地操作使用字典数据，如表 2.14 所示。

表 2.14  常用字典操作方法

| 函数 | 返回值 | 描　　述 |
| --- | --- | --- |
| keys() | tuple | 以元组类型返回字典中所有的键 |
| values() | tuple | 以元组类型返回字典中所有的值 |
| items() | tuple | 返回一元组序列，每个元组都是一个条目（键、值） |
| clear() | None | 清空字典，删除其中所有的元素 |
| get(key) | value | 返回键 key 对应的值 |
| pop(key) | value | 删除键 key 对应的元素并返回其对应的值 |
| popitem() | tuple | 从字典中随机选择一键值对元素以元组类型返回，并将其从字典中删除 |

例如，

```
>>> students = {'185100001':'John', '185100003':'Peter', '185100010':'Hanmeimei'}
>>> students.keys()    #返回字典中所有的键
dict_keys(['185100001', '185100003', '185100010'])
>>> students.values()    #返回字典中所有的值
dict_values(['John', 'Peter', 'Lilei', 'Hanmeimei'])
>>> students.get('185100001') #返回键所对应的值,等价于 students['185100001']
'John'
```

第二行语句用 keys() 方法返回了字典中所有的键，对应的第四行语句用 values() 方法返回了字典中所有的值。倒数第二行语句用 get() 来返回键所对应的值。

有时可以用类型转换来将一个字典中的键或值转换成一个列表或元组，以便后续处理。

```
>>> st1 = {"185100003":"Peter", "185100005":"Lilei","185100001":"John"}
>>> list1 = list(st1.keys())
>>> list2 = list(st1.values())
>>> list1
['185100003', '185100005', '185100001']
>>> list2
['Peter', 'Lilei', 'John']
>>> tup = tuple(st2.keys())
>>> tup
('185100003', '185100005', '185100001')
```

第二行语句、第三行语句分别用 list() 将 keys() 和 values() 返回的值转换成了列表，同理，倒数第三行语句用 tuple() 来将返回的键转换为元组。

【例 2-9】 统计《Python 之禅》中每个英文字母出现的次数。

```
#2-9.py
import this
# 导入 Zen of Python 到字符串中
s = "".join([this.d.get(c, c) for c in this.s])
s = s.lower()
leter = {}
for i in s:
    if(ord(i) >= 97) and (ord(i) <= 122):  # 判断 ASCII 码是否在 26 个字
                                                 母内。
        if i not in leter:
            leter[i] = 1
        else:
            leter[i] += 1
print(leter)
```

运行结果：

```
The Zen of Python, by Tim Peters    # 中间文字有省略
.
.
.
Namespaces are one honking great idea -- let's do more of those!
24
```

```
{'t': 79, 'h': 31, 'e': 92, 'z': 1, 'n': 42, 'o': 43, 'f': 12, 'p': 22, 'y': 17, 'b':
21, 'i': 53, 'm': 16, 'r': 33, 's': 46, 'a': 53, 'u': 21, 'l': 33, 'g': 11, 'x': 6, 'c': 17,
'd': 17, 'k': 2, 'v': 5, 'w': 4}
```

　　程序的基本思路：先将《Python 之禅》导入到一个字符串中，为方便后面统计，用字符串方法 lower() 将所有字母转换成小写字母。然后定义一个空字典，用 for 循环依次读入每个字符，用 ord() 函数将每个字符转换成 ASCII 码，以判断字符是否是字母。如果是字母，再判断该字母是否已存入字典，若没有存入字典，则将其作为键存入字典，并设键值为 1；若有存入字典，则把对应字母的键值加 1。

### 2.6.5　集合

　　Python 中的集合（Set）与数学中的集合概念一致，是一组无序数据元素的集合，与列表不同，集合中的元素不允许重复且不按特定顺序存放。集合中元素的数据类型只能是整数、浮点数、字符串、元组等固定数据类型，列表、字典、集合等可变数据类型不能作为集合中的元素。集合中的元素一样用英文半角逗号"，"分割。

　　集合可以使用一对大括号"{}"来创建，也可以使用 set() 来创建，习惯上用 set() 将其他数据类型（如列表）转换为集合。例如，

```
>>> set1 = set()
>>> set2 = {3,5,9}
>>> set3 = set([2 * x for x in range(1,5)])       # 从列表中创建集合
>>> list1 = [1,3,4,6,4,7,1]
>>> set4 = set(list1)
>>> set4
{1, 3, 4, 6, 7}       # 列表中元素重合
```

　　依然可以使用 Python 内置函数 len()、max()、min()、sum() 等函数对集合元素进行操作，使用 for 循环遍历集合，使用"in"或"not in"来测试某个元素是否在集合中，使用"＝＝"和"!="来检测两个集合是否相等。

```
>>> set1 = set([2 * x for x in range(1,15,2)])
>>> set1
{2, 6, 10, 14, 18, 22, 26}
>>> sum(set1)
98
>>> len(set1)
7
>>> max(set1)
26
>>> 10 in set1
True
```

```
>>> set2 = {2,4,6,7}
>>> set3 = {7,4,2,6}
>>> set2 == set3
True
>>> set2 != set3
False
```

以上语句先用循环产生一个整型列表,再转换成集合,后面使用 sum() 对集合中的元素进行求和,使用 len() 统计元素的个数,使用 max() 找出元素中最大的一个数。因为 10 在集合中,所以用"in"运行符判断时返回的是 True。set2 和 set3 虽然在定义的时候元素的排序顺序不一样,但因为集合中的元素不按特定顺序,只要元素数量相等且元素能一一对应相等,两个集合就是相等的,所以 set2 和 set3 是相等的。

因为集合中的元素是无序的,不能索引和切片,所以不能使用下标和截取运算符。作为一个对象类型,集合数据类型本身提供了一些方法来对集合进行操作,如表 2.15 所示。

表 2.15　集合类型常用操作方法

| 函数 | 返回值类型 | 描　　述 |
|---|---|---|
| add(x) | None | 向集合中添加元素 x |
| clear() | None | 删除集合中的所有元素 |
| copy() | set | 复制该集合并返回 |
| discard(x) | None | 如果元素 x 在集合中,则移除该元素 |
| remove(x) | None | 如果元素 x 在集合中,则移除该元素,否则返回 KeyError 异常 |
| isdisjoint(S) | bool | 判断当前集合与集合 S 是否含相同元素,若有,则返回 False,若没有,则返回 True |

对于数学中对集合的操作(交集、并集、差集、补集),Python 提供了相应的操作方法,如表 2.16 所示。

表 2.16　集合类型常用操作(假设有两个集合 S1 与 S2)

| 函数或操作 | 返回值类型 | 描　　述 |
|---|---|---|
| S1. difference(S2)或 S1－S2 | set | 返回 S1 和 S2 的差集,即在 S1 但不在 S2 中的元素的集合 |
| S1. intersection(S2)或 S1&S2 | set | 返回 S1 和 S2 的交集,即同时在 S1 和 S2 中的元素的集合 |
| S1. symmetric_difference(S2)或 S1^S2 | set | 返回 S1 和 S2 的补集,即不同时包含在 S1 和 S2 中的元素的集合 |
| S1. union(S2)或 S1｜S2 | set | 返回 S1 和 S2 的并集,即 S1 和 S2 中的所有元素的集合 |
| S1. issubset(S2)或 S1<=S2 | bool | 如果 S1 是 S2 的子集或者两者相同,则返回 True,否则返回 False。如果只用"<",则判断 S1 是否是 S2 的真子集 |
| S1. issuperset(S2)或 S1>=S2 | bool | 如果 S1 是 S2 的超集或者两者相同,则返回 True,否则返回 False。如果只用">",则判断 S1 是否是 S2 的真超集 |

```
>>> S1 = {2,4,6,8}
>>> S2 = {2,3,5,10}
>>> S1.union(S2)
{2, 3, 4, 5, 6, 8, 10}
>>> S1-S2
{8, 4, 6}
>>> S1 | S2
{2, 3, 4, 5, 6, 8, 10}
```

以上语句用 union()方法生成了集合 S1 和 S2 的并集,用减号"—"求出集合 S1 和 S2 的差集,用"|"求出了两者的并集。

如果不关心元素的顺序,用集合来存储元素要比使用列表的效率要高。同时,由于集合中的元素是不重复的,所以可以用来进行数据去重处理。

【例 2-10】 统计《Python 之禅》中出现的不重复的单词个数。

```
♯2-10.py
import this
♯导入 Zen of Python 到字符串中
str1 = "".join([this.d.get(c, c) for c in this.s])
♯用去除所有的"."、"!"、"--"符号,并用空格代替回车换行
str2 = str1.replace('.','').replace('\n','')
str2 = str2.replace('--',' ').replace('*','')
str2 = str2.lower()   ♯将所有字母变成小写
set1 = set(str2.split())   ♯先拆成列表再转成集合
print('出现的单词为:', set1, '\n')
print('总共使用了', len(set1), '个单词。')
```

运行结果:

The Zen of Python, by Tim Peters

.

.

.

Namespaces are one honking great idea -- let's do more of those!
出现的单词为: {'readability', 'guess', 'errors', 'may', 'explicitly', 'beautiful',
'implementation', 'preferably', 'is', 'more', 'those', 'only', 'zen', 'nested', 'a',
'cases', 'way', 'face', 'implicit', 'of', 'simple', 'rules', 'obvious', 'silently',
'easy', 'better', 'pass', 'break', 'never', "aren't", 'than', 'complex', 'good', 'it',
'idea', 'not', 'special', 'refuse', 'sparse', 'do', 'now', 'be', 'in', 'dutch', 'enough',
'and', "let's", 'to', 'purity', 'explain,', 'ambiguity,', 'at', 'should', "it's",
'counts', 'peters', 'dense', 'great', 'bad', 'python,', 'tim', 'first', 'are', 'often',

'hard','namespaces','although','silenced','there','that','beats','explicit',
'unless','by',"you're",'temptation','practicality','complicated','honking',
'one','flat','the','if','ugly','right'}

总共使用了 85 个单词。

程序的基本思路跟例 2-6 是一样的,只是最后通过将列表转换成集合实现去重,再利用 len()统计单词个数。

# 习　题

1. 可以用以下哪个语句接收一个字符串(　　　)。

A. scanf(input("请输入:"))　　　　　　B. eval(input("请输入:"))

C. input("请输入:")　　　　　　D. float(input("请输入:"))

2. eval("2 + 35 * 2")的运行结果是(　　　)。

A. "2 + 35 * 2"　　B. 72　　　　　　C. 70　　　　　　D. "2 + 70"

3. 以下哪个标识符是合法的(　　　)。

A. a0pps　　　　　　B. global　　　　　　C. 8bit　　　　　　D. def

4. 以下程序的的执行结果是(　　　)。

```
x, y = 20, 87
x, y = y, x
print(x, y)
```

A. 20　20　　　　　　B. 87　　20　　　　　　C. 20　　87　　　　　　D. 87　　87

5. 5 + 2 ** 3 / 2 的计算结果为(　　　)。

A. 13.0　　　　　　B. 9　　　　　　C. 9.0　　　　　　D. 13

6. 运行完下列语句后,x 的值是(　　　)。

```
x = 5
x * = x + 1
```

A. 6　　　　　　B. 26　　　　　　C. 26.0　　　　　　D. 30

7. 下列程序的运行结果是 (注:这里用?代替空格)(　　　)。

```
print(format(314.159, "2.2f"))
print(format(314.159, ">10.2f"))
print(format("Python", "8s"), end = '*')
```

A. 14.16　　????　314.16　　Python?? *

B. 314.16　　????　314.16　　Python?? *

C. 314.16　　314.16????　　Python?? *

D. 314.16　　314.16????　　Python *

8. "s = "Python", type(s)"的结果为(　　　)。

A. <class 'int'>　　B. <class 'float'>　　C. <class 'str'>　　D. <class 'String'>

9. "print("D:\Python\tew")"的运行结果是(　　)。

A. D:\Python　　　　ew

B. "D:\Python\tew"

C. 'D:\Python\tew'

D. 'D:\\Python\tew'

10. 以下哪个数与0.031415相等(　　)。

A. 3.145E-1

B. 0.3145E-1

C. 0.0031415E3

D. 0.00031415E3

11. 编写程序:从控制台读取摄氏温度,然后将其转换成华氏温度并在屏幕上显示出来,其中摄氏温度转华氏温度的公式为

$$F=(9/5)\times C+32$$

其中,$F$代表华氏温度,$C$代表摄氏温度。

12. 编写程序:从控制台读取$n$个数字,其中数字之间用逗号分开,将其以数字类型存储到列表中并打印出来。

13. 编写程序:从控制台读取一个数值(提示用户只能输入0~127之间的整数),然后将其转换成ASCII码表中对应的字符,并打印到屏幕上。

14. 编写程序:从控制台读取一个字符串,统计字符串的长度,将所有字母转换成小字字母并统计每个字母出现的次数。

15. 编写程序:从控制台读取三角形的三条边边长,然后计算出三角形三个角的角度值,并打印到屏幕上。

16. 修改例2-9的程序:要求一为按字母出现频率从大到小重新排列结果并输出;要求二为按字母的ASCII码值从小到大重新排列结果并输出。

# 第3章　程序结构控制

## 本章要点

- 利用流程图表示程序的设计思路(算法)。
- 程序的分支结构:单分支结构、二分支结构、多分支结构。
- 程序的循环结构:while 语句、for 语句、break 语句和 continue 语句。
- 程序的异常处理:try-except 语句。

一个程序应包括以下两方面内容。

(1) 对数据的描述。在程序中要指定数据的类型和数据的组织形式,即数据结构。

(2) 对操作的描述。对操作的描述即操作步骤,也就是算法。

数据结构是加工对象,算法是解决"做什么"和"怎么做"的,程序中的操作语句实际上是算法的体现,因此编写程序代码前应先设计好程序的算法,不同的程序结构要使用不同的算法流程图描述,程序中可以包含 3 种基本结构:顺序结构、选择结构和循环结构。

顺序结构是程序设计中最基本的结构,它按照语句出现的先后顺序依次执行。顺序结构如图 3.1 所示,其中必须先执行语句块 1,再执行语句块 2。

选择结构是程序根据条件判断结果而选择不同向前执行路径的一种运行方式,如图 3.2 所示。选择结构包括单分支结构、双分支结构和多分支结构(流程图后面小节给出)。

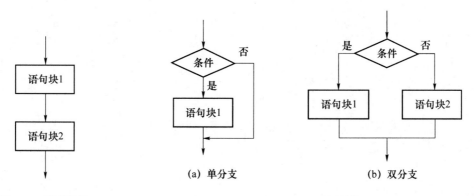

图 3.1　顺序结构　　　　图 3.2　选择结构

循环结构是程序根据条件判断结果向后反复执行某段路径的一种运行方式,如图 3.3 所示。

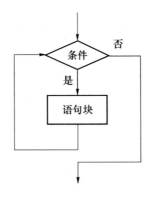

图 3.3 循环结构

# 3.1 顺 序 结 构

利用程序解决问题时,要遵循 IPO 模式,即输入、计算、输出,这个过程是有顺序的。例如,在第 2 章例 2-1 中,根据半径计算面积时,必须先确定半径的值,再计算面积,最后输出结果。

【例 3-1】 已知 $y=2x+3$,其中 $x$ 为整数,输入 $x$ 的值,求 $y$ 值。

本题必须先输入 $x$ 的值才能计算 $y$ 值,利用流程图分析题目,如图 3.4 所示。

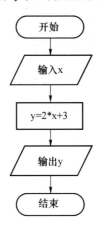

图 3.4 顺序计算流程图

根据流程图编写程序如下:

```
#3-1.py
x = int(input("x = "))
y = 2 * x + 3
print("y = % d" % y)
```

观察以上几行程序语句,可以发现,在顺序结构中,各语句是按排列的先后顺序依次执行的,是无条件的,不必事先作任何判断。顺序结构是最简单的一种程序结构。

# 3.2 分支结构

与顺序结构不同,在实际生活中,经常需要先判断某个条件是否成立,然后决定是否执行指定的任务。例如,如果下雨,则需要带上雨伞,这时需要判断是否下雨。

分支结构又称为选择结构,在 Python 中分支结构的实现涉及三个关键字:if、elif 和 else。由这三个关键字可以构成经常使用的三种分支结构,即单分支语句、双分支语句和多分支语句。

## 3.2.1 单分支语句

单分支语句只需要使用 if 关键字,通常用在当指定条件满足时执行某一行或多行命令语句的情况。if 语句的语法格式为

```
if 判断条件:
    语句块
```

注:语句块也称为语句体,表示一行或多行语句,这些语句都会比所属的 if 语句多缩进一个单位。根据图 3.2(a),可以清晰看到,当判断条件为真时,会执行语句块;当判断条件为假时,不做任何操作,绕过 if 结构,执行 if 结构之后的语句。

**【例 3-2】** 输入一个分数,当输入分数大于或等于 90 分时,输出优秀。

利用流程图分析题目,如图 3.5 所示。

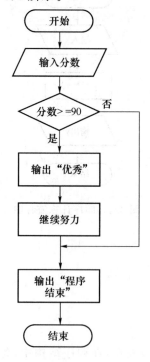

图 3.5 例 3-2 的分析流程图

根据流程图书写的程序如下：

```
#3-2.py
score = int(input("请输入分数："))
if score >= 90：
    print("成绩优秀")
    print("继续努力")
print("程序结束")
```

运行程序,输入 90 的程序运行结果为

```
请输入分数:90↙      #↙代表回车键
成绩优秀
继续努力
程序结束
```

再次运行程序,输入低于 90 的分数运行结果为

```
请输入分数:75↙
程序结束
```

从例 3-2 的流程图及执行结果中可以发现,不管条件是否成立,都要执行"print("程序结束")"。因为在 Python 中缩进代表了所属关系,在分支结构中一定要注意满足条件才允许执行的语句是否缩进正确。

【例 3-3】 输入三个整数,求最大数。

解题思路:该题目惯用的比较过程是先求出两个数的最大数,将此最大数与第三个数比较,最终得到最大数。为了方便后续可以比较任意多个数的最值,这里固定思路为选择基准点,两两比较。一般选择第一个作为基准点,即起始最大值。代码如下:

```
#3-3.py
a = eval(input("The First Number:"))
b = eval(input("The Second Number:"))
c = eval(input("The Third Number:"))
max = a                     #基准点
if max < b：                 #使用小于号
    max = b                 #到此可以得到两数最大
if max < c：
    max = c                 #到此可以得到三数最大
print("max = ",max)
```

从上述程序中可以看到,程序使用了两组单分支语句,且两组语句只是右侧变量不同,若有多个数据找最大值,语句结构不会发生变化,只要添加单分支语句即可,而找最小值只需要将小于改为大于即可。

### 3.2.2 双分支语句

双分支语句需要用到 if 和 else 两个关键字,通常用在判断条件为真时执行一行或几行语句,当条件为假时执行其他语句的情况,双分支语句的语法格式为:

```
if 判断条件:
    语句块 1
else:
    语句块 2
```

需要注意的是 if 和 else 位于同一层次的缩进。当 if 语句后的判断条件为真时,执行语句块 1;当判断条件为假时,执行语句块 2。

实际上单分支也可以看作是双分支语句的变形,在单分支语句中,当判断条件不满足时,保持原有情况,不执行任何动作,所以没有任何语句,进而省略 else。

【例 3-4】 输入一个分数,当输入的分数大于或等于 60 分时输出及格,否则输出不及格。

利用流程图分析题目,如图 3.6 所示。

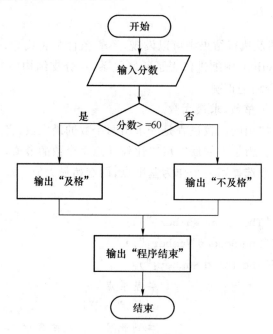

图 3.6 例 3-4 的分析流程图

根据流程图书写的程序如下:

```
#3-4.py
score = int(input("请输入分数:"))
if score >= 60:
    print("及格")
```

```
else：
        print("不及格")
print("程序结束")
```

运行程序,输入成绩 75,运行结果为

```
请输入分数：75↙
及格
程序结束
```

再次运行程序,输入成绩 55,运行结果为

```
请输入分数：55↙
不及格
程序结束
```

### 3.2.3　多分支语句

多分支语句需要用到 if、elif 和 else(可选)三个关键字。当有多个判断条件,且每个判断条件成立又需执行不同的语句时,会使用多分支语句。多分支语句是现实世界中应用很广泛的一种分支结构。多分支语句的语法格式为:

```
if 判断条件 1:
        语句块 1
elif 判断条件 2:
        语句块 2
elif 判断条件 3:
        语句块 3
...
else:
        语句块 n
```

多分支语句在执行过程中先判断 if 语句后的判断条件 1 是否为真,如果判断条件 1 为真,则执行语句块 1;若为假,则继续判断第一个 elif 后的判断条件 2,若条件 2 为真,则执行语句块 2,否则继续判断下一个 elif 后的判断条件;当所有的判断条件都为假时,执行 else 后的语句块 n。多分支语句的算法流程图如图 3.7 所示。

注:

(1) elif 的个数由实际情况决定;

(2) elif 即为 else if 的缩写,隐含意义为当不满足上一个条件时,再判断当前条件。

【例 3-5】　输入一个分数,当输入分数在 0 到 60 区间(不包括 60),输出"不及格";当在 60 到 80 区间(不包括 80),输出"良好";当在 80 到 100 区间(包括 100),输出"优秀";如果都不符合,输出"成绩有误"。

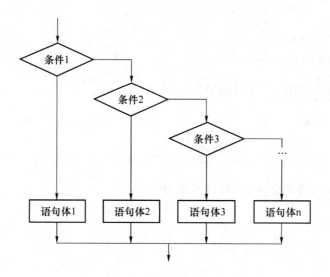

图 3.7　多分支语句的算法流程图

```
#3-5.py
score = int(input("请输入一个分数:"))
if 0 <= score < 60:
    print("不及格")
elif 60 <= score < 80:
    print("良好")
elif 80 <= score <= 100:
    print("优秀")
else:
    print("成绩有误")
print("程序结束")
```

运行程序输入成绩 75,运行结果为

请输入一个分数:75↙
良好
程序结束

运行程序输入成绩-5,运行结果为

请输入一个分数:-5↙
成绩有误
程序结束

以上程序的运行结果正确,但 elif 后面的判断表达式可以更加简化。注意使用 elif 的隐含意义,例如,当判断第一个 elif 时,说明不满足 if 条件,即这时分数应该大于或等于 60 分,所以既然隐含的条件包含>=60,则在 elif 的表达式中可以省略,程序应修改为如下方式:

```
# 3-5.py
score = int(input("请输入一个分数:"))
if 0 <= score < 60:
    print("不及格")
elif score < 80:
    print("良好")
elif score <= 100:
    print("优秀")
else:
    print("成绩有误")
print("程序结束")
```

### 3.2.4　分支嵌套

所谓分支嵌套,就是 if 或 else 中包含其他 if-else 语句。在使用嵌套结构时,一定要注意与 else 配对的是哪一个 if 语句,由于 Python 是根据缩进决定所属关系的,所以在使用分支嵌套语句时一定要注意缩进关系是否正确,不同的缩进层次有可能导致分支嵌套程序运行结果的差异。

【例 3-6】　输入一个正整数,判断这个数是奇数还是偶数,并打印输出判断结果,输入负数时输出警示信息。

利用流程图分析题目,如图 3.8 所示。

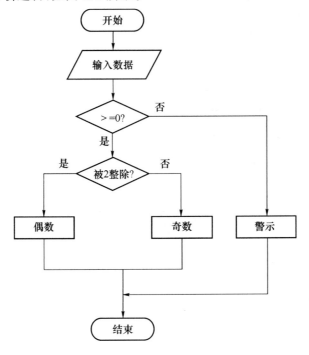

图 3.8　例 3-6 if 语句的分支嵌套流程图

根据流程图书写的程序如下：

```
#3-6.py
num = int(input("请输入一个正整数:"))
if num >= 0:
    if num % 2 == 0:
        print("该数为偶数")
    else:
        print("该数为奇数")
else:
    print("请输入正数")
```

运行程序，输入-3，运行结果为

请输入一个正整数:-3↙
请输入正数

再次运行程序，输入5，运行结果为

请输入一个正整数:5↙
该数为奇数

【例3-7】 某公司工资计算方式为每小时40元，工作时长超过120小时者，超出部分补发15%，不足60小时者，扣除400元，工资负数者记工资为0元。编写程序实现输入一位员工工作时长，输出其工资。

利用流程图分析题目，如图3.9所示。

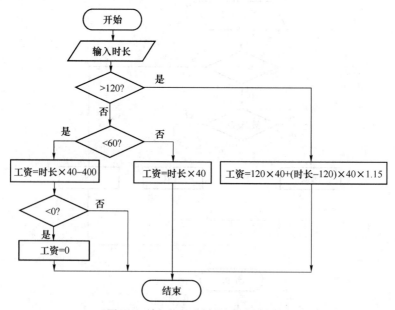

图3.9 例3-7 if语句的嵌套流程图

根据流程图书写的程序如下：

```
# 3-7.py
time = float(input("工作时长(小时):"))
if time > 120:
    money = 120 * 40 + (time-120) * 40 * 0.15
else:
    if time < 60:
        money = time * 40-400
        if money < 0:
            money = 0
    else:
        money = time * 40
print("工资为:", format(money, '.2f'), "元")
```

# 3.3　循　环　结　构

循环控制语句主要是在当满足条件的情况下需要重复执行某一操作时使用,主要包含 while 语句和 for 语句两种形式。

### 3.3.1　while 语句

while 语句的意思为当满足什么条件时,执行什么操作。语法格式为：

```
while 循环条件:
    语句块
```

如果循环条件为真,则执行语句块,在执行完语句块后再次进行循环条件的判断,直到条件为假时退出循环。执行流程图如图 3.3 所示。

【例 3-8】　重复输出 100 次"www.Python.com"。

解题思路:例 3-8 的意思为若不满足 100 次,则继续输出"www.Python.com",即当次数<=100 时,输出语句,每输出完一次,次数加 1。绘制流程图,如图 3.10 所示。

```
# 3-8.py
count = 1
while count <= 100:
    print("www.Python.com")
    count = count + 1
print("程序结束")
```

注:每次循环时 count 必须要加 1,从而使 count 趋近于 100,这样循环才能趋于结束,否则将会造成死循环,即无法退出循环结构。读者可以试试去掉例 3-8 程序中的"count＝

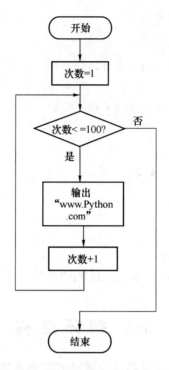

图 3.10　例 3-8 while 语句的流程图

count＋1",看看会得到什么样的实验结果。

【例 3-9】　计算 100 以内的奇数和。

解题思路 1:对这 100 个数中的每一个数都去判断是否是奇数,如果是,则累加。

(1) 要找出 100 以内的每一个数,可以仿照例 3-8 中的思路,用如下代码实现:

```
num = 1
while num <= 100：
    num = num + 1
```

(2) 判断一个数是否是奇数可以用如下代码实现:

```
if num % 2 != 0      # 如果是奇数判断条件为真,否则为假
```

(3) 最终的和可以存储在变量 sum 中,sum 初始值必须为 0。

将以上结合,得到的程序代码为

```
# 3-9.py
num = 1
sum = 0
while num <= 100：
    if num % 2 != 0：
        sum = sum + num
    num = num + 1
```

```
print("100 以内奇数和为 % d" % sum)
```

解题思路 2:100 以内奇数范围为 1,3,5,7,…,97,99。观察这组数据可以发现,数据从 1 开始,每次都在前一个数据的基础上加 2,直到 99 结束。通过从 1 开始可知 num=1;通过到 99 结束可知循环条件为小于 100;每次加 2 可知 num＝num＋2,使循环趋于结束,从而得到代码:

```
♯3-9.py
num = 1
sum = 0
while num < 100:
    sum = sum + num
    num = num + 2
print("100 以内奇数和为 % d" % sum)
```

注意:

(1) 循环体语句所属关系是通过缩进表示的。

(2) 明确循环条件的边界值是大于(小于)还是大于或等于(小于或等于)。

(3) 循环条件除了用关系表达式外,也可以用数字,例如,while 1 遵循非 0 即真的原则,代表永真,即条件一直成立。这种情况一般需要在循环体的语句中使用 break 语句,本节稍后将进行介绍。

### 3.3.2 for 语句

for 语句的语法格式为

for < var > in < sequence >:
    语句块

var 是一个变量名称,sequence 是一个范围序列。例如,

```
>>> for n in [1,2,3,4,5]:
        print(n)
1
2
3
4
5
```

在使用循环遍历数字时,通常会用到序列函数 range()。例如,

```
>>> for n in range(5):
        print(n)
0
```

```
1
2
3
4
```

也可以限定范围,注意,截止数字虽然是 6,但实际只能输出到 5,如

```
>>> for n in range(1,6):
            print(n)
1
2
3
4
5
```

也可以在范围内设定不同的增量,如

```
>>> for n in range(1,6,2):
                print(n)
1
3
5
```

【例 3-10】 使用 for 循环重写程序,实现输出 100 遍"www. Python. com"。

```
#3-10.py
for n in range(100):
    print("www. Python. com")
```

【例 3-11】 使用 for 循环重写程序,实现输出 100 以内的奇数和。

```
#3-11.py
sum = 0
for i in range(1,101,2):
    sum = sum + i
print("100 以内奇数和为 % d" % sum)
```

【例 3-12】 输入 $n$ 值,计算 $n!$。

解题思路:假设计算 5!,实际是 $s=1×2×3×4×5$,若 $i=1,2,3,4,5$,即得 $s=s×i$。

```
#3-12.py
n = eval(input("n = "))
s = 1
for i in range(1,n+1):
    s = s * i
```

```
print("%d!=%d"%(n,s))
```

运行结果为:

```
n=5↙
5!=120
```

### 3.3.3 break 语句和 continue 语句

#### 1. break 语句

break 语句经常使用在循环语句中,作用是提前终止所在循环,跳转到循环结构后执行后续的语句。

【例 3-13】 在 10 范围内,当数到 5 时,退出循环。

```
♯3-13.py
for i in range(1,11):
    if i == 5:
        break
    print(i)
```

程序运行结果如下:

```
1
2
3
4
```

#### 2. continue 语句

continue 语句结束本次循环,即跳过当前循环体中的剩余语句,然后继续进行下一轮循环。

【例 3-14】 将例 3-13 程序中的 break 换为 continue,查看执行结果。

```
♯3-14.py
for i in range(1,11):
    if i == 5:
        continue
    print(i)
```

程序运行结果如下:

```
1
2
3
4
6
```

7

8

9

10

通过绘制两段程序的流程图可以清晰看出 break 语句和 continue 语句的区别,如图 3.11 和图 3.12 所示。

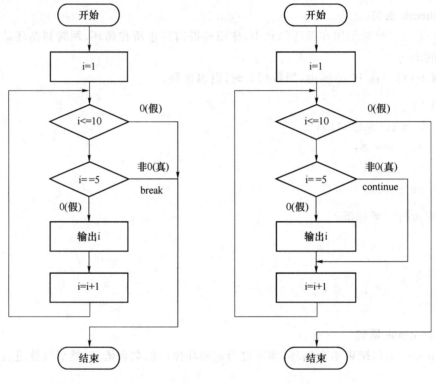

图 3.11　break 语句　　　　　　　图 3.12　continue 语句

### 3.3.4　循环嵌套

循环嵌套就是在一个循环结构中包含另一个循环结构,处在外部的循环结构称为外循环,处在内部的循环结构称为内循环。while 循环和 for 循环可以相互套用。嵌套结构在解决实际问题时应用广泛,解题时基本采用"大处着眼看,小处着手做"的方式。

【例 3-15】　打印图 3.13 所示的图形。

```
* * * * *
* * * * *
* * * * *
* * * * *
```

图 3.13　例 3-15 图

解题思路:类似这种打印图形的题目,都有统一的思路,基本按照如下的步骤进行分析。

(1) 查看图形有几行,因为程序运行时要一行行打印。

```
for row in range(行数):
```

(2) 查看图形有几列,一行中的每列依次打印(可能是固定列,也可能是变化列)。

```
for row in range(行数):
    for col in range(列数):
```

(3) 查看图形每列要干什么。

```
print(" * ",end = " ")
```

可得到实现代码如下:

```
#3-15.py
for row in range(4):
    for col in range(5):        #固定列
        print(" * ",end = " ")
    print("")     #每行结束要换行
```

**【例 3-16】** 打印图 3.14 所示的图形。

```
*
* *
* * *
* * * *
```

图 3.14 例 3-16 图

解题思路:本图形中的列数随着行数发生变化,属于变化列。这时要观察列数与行数的关系。从图形中可以看到,第 1 行打印了 1 列,第 2 行打印了 2 列,第 3 行打印了 3 列,第 row 行打印 row 列。这样即可得到如下循环嵌套结构。

```
#3-16.py
for row in range(1,5):
    for col in range(1,row + 1):   #如 row = 1 时,则 range(1,2)则打印 1 个星号
        print(" * ",end = " ")
    print("")
```

**【例 3-17】** 计算 $1! + 2! + 3! + \cdots\cdots + 10!$。

解题思路:本题从大处看是在进行从 1 到 10 的某种计算的累加和,代码结构如下:

```
sum = 0
for i in range(1,11):
    某种计算
    sum += 某种计算结果
```

从小处看是进行阶乘的和,代码如下:

```
s = 1
for i in range(1,结尾数字):
    s = s * i
```

在进行累加和时,是在 0 的基础上,第 1 次加了 1!,第 2 次加了 2!,第 3 次加了 3!,由此可见,第 $i$ 次加就是加 i!,所以是 range(1, i+1)。

```
#3-17.py
sum = 0
for i in range(1, 11):
    s = 1
    for j in range(1, i+1):
        s = s * j
    print("%d! = %d" % (j, s))
    sum = sum + s
print("1! + 2! + ... + 10! = %d" % sum)
```

运行结果为

```
1! = 1
2! = 2
3! = 6
4! = 24
5! = 120
6! = 720
7! = 5040
8! = 40320
9! = 362880
10! = 3628800
1! + 2! + … + 10! = 4037913
```

在使用循环语句时,需要注意以下几点。

(1) 需根据不同的运算处理情况设置相关变量的初始值。例如,在例 3-17 中由于 sum 变量是用来保存求和结果的,所以在未开始时初值应为 0,而 s 是用来保存求乘积的,如果再设置为 0,将出现所有结果为 0 的情况,此时应设置 s=1。

(2) 循环条件应注意临界值,如是否包含等于 0 等。

(3) 循环体语句必须有使循环趋于结束的语句(如 i=i+1 等),否则将出现死循环。

### 3.3.5　循环语句中 else 的使用

for 循环和 while 循环都存在一个 else 扩展用法,即在循环语句之后添加 else 和相应的语句块,用于表示循环正常遍历,完成了所有内容,且没有因为 break 或 return 而退出,而是循环到最后由于条件不成立而结束循环时需要执行的操作。循环中的 continue 对 else 没有影响。

修改例 3-11 的程序,观察输出结果。

```
sum = 0
for i in range(1,101,2):
    sum = sum + i
else:
    print("循环正常结束")
print("100 以内奇数和为%d"% sum)
```

运行结果为

```
循环正常结束
100 以内奇数和为 2500
```

修改例 3-13 和例 3-14 的程序,观察输出结果。

例 3-13 的程序:

```
for i in range(1,11):
    if i == 5:
        break
    print(i, end = "")
else:
    print("正常退出")
```

例 3-14 的程序:

```
for i in range(1,11):
    if i == 5:
        continue
    print(i, end = "")
else:
    print("正常退出")
```

两段程序的执行结果分别如下:

```
1234
1234678910 正常退出
```

# 3.4 异 常 处 理

在程序执行过程中,如若发生一些错误,程序会终止执行,如图 3.15 所示。在 Python 中内置了 try…except 和 try…finally 语句,用于处理程序执行过程中的异常情况,这样如若有异常,程序也会继续执行。异常分为 Python 标准异常和自定义异常,本节讲述标准异常。标准异常种类可见本书的附录 I。

```
>>> 1/0
Traceback (most recent call last):
  File "<pyshell#0>", line 1, in <module>
    1/0
ZeroDivisionError: division by zero
```

图 3.15　错误信息

## 3.4.1　try…except 语句

try…except 语句用来检测 try 语句块中的错误,从而让 except 语句捕获异常信息并处理。其语法格式为

```
try:
    语句 1
except A:
    语句 2
except:
    语句 3
else:
    语句 4
```

执行流程:执行 try 后的语句 1,若发现有 A 错误,则进入 except A 执行语句 2,即处理异常,结束。如果没有 A 错误,发生了 B 错误,则开始寻找匹配 B 错误的异常处理方法,发现 A(except A),不匹配,跳过;发现 except others(即 except),执行语句 3,结束。如果没有错误,则进入 else,执行语句 4,结束。

在使用 except 时,后面可以不加任何异常类型,即 except 可以捕获所有异常,这不是一个很好的方式,不能通过该程序识别出具体的异常信息。在使用 except 时,后面也可以带多个异常类型,如"except (ZeroDivisionError,NameError):",只要发生其中一个异常就会执行 except 语句。

【例 3-18】　执行以下程序,理解异常处理过程。

```
#3-18.py
try:
    x = 2 / 9
```

```
    print(x)
    print(k)    #抛出 python 标准异常
    b = 1 / 0
    print(b)
    c = 9 / 2
    print(c)
except NameError：
    print("未声明的变量")
except ZeroDivisionError as e：
    print(e)
except：
    print("Error")
else：
    print("程序结束")
```

程序运行结果如下：

0.2222222222222222
未声明的变量

当程序执行到"print(k)"时,发现了 k 没有定义,于是控制流去寻找匹配的 except 异常处理语句。发现了第一条匹配语句后,执行对应语句,执行完成后程序结束。"b=1/0"及其之后的语句没有被执行。

【例 3-19】　执行以下程序,观察程序运行结果。

```
#3-19.py
try：
    print("try...")
    a = 1 / 2
    print("a = ",a)
except ZeroDivisionError as e：
    print("except...")
    print(e)
else：
    print("else...")
    print("程序结束")
```

程序运行结果如下：

try...
a = 0.5
else...

程序结束

此程序在执行过程中没有发生任何异常,try 执行完成后,进入 else 继续执行。

【例 3-20】 执行以下程序,观察执行结果。

```
#3-20.py
try:
    print("try...")
    a = 1 / 2
    print("a = ",a)
    print(b)
except (ZeroDivisionError ,NameError) as e:
    print("except...")
    print(e)
else:
    print("else...")
    print("程序结束")
```

运行结果为

```
try...
a = 0.5
except...
name 'b' is not defined
```

### 3.4.2 try…finally 语句

try…finally 语句无论是否发生异常都将执行最后 finally 的代码。语法格式如下:

```
try:
    语句1      #正常执行模块
except A:
    语句2      #发生异常 A 执行模块
except B:
    语句3      #发生异常 B 执行模块
except:
    语句4      #发生除异常 A、B 之外的其他异常执行模块
else:
    语句5      #没有异常时执行模块
finally:
    语句6      #是否异常都会执行
```

【例 3-21】 观察 finally 语句的执行,程序基于例 3-20 修改。

```
# 3-21.py
try：
    print("try...")
    a = 1 / 2
    print("a = ",a)
    print(b)
except (ZeroDivisionError ,NameError) as e：
    print("except...")
    print(e)
else：
    print("else...")
    print("程序结束")
finally：
    print("finally...")
```

运行结果为

```
try...
a = 0.5
except...
name 'b' is not defined
finally...
```

## 3.5 综合应用

【例3-22】 求若干个数的最大值。

解题思路：数据个数由用户输入，在选择结构中已经编写了在三个数中求最大值的程序，基于其思路书写本题。使用第一次输入的数据作为基准点，利用循环结构和单分支结构实现不断比较两数。

```
# 3-22.py
n = int(input("How many numbers are there? "))
max = float(input("Enter a number >> "))
for i in range(n - 1)：
    x = float(input("Enter a number >> "))
    if max < x：
        max = x
print("The largest value is", max)
```

运行结果为

How many numbers are there? 3

Enter a number >> 6

Enter a number >> 2

Enter a number >> 9

The largest value is 9.0

【例 3-23】 编程实现四则运算计算器。实现效果如图 3.16 所示。

欢迎使用简易版计算器
请输入第一个数：2
请选择要进行的运算的编号：
　　　　1-加法
　　　　2-减法
　　　　3-乘法
　　　　4-除法
1
请输入第二个数：3
2 + 3 = 5

图 3.16　计算器

该题目可以有不同难度系数的解题思路,本书列举以下三种。

解题思路 1:从效果图中可以发现需要输入两个需要计算的数据,所以需要 input 函数输入数据,具体操作要从 4 个选项中选择一个,如果选择是 1,则进行加法运算,需要利用多分支结构进行选择判断。最后利用 print 函数进行结果输出。实现代码如下:

```python
num1 = int(input("请输入第一个数:"))
oper = int(input("'请选择要进行的运算的编号:
    1-加法\n\t2-减法\n\t3-乘法\n\t4-除法\n'"))
num2 = int(input("请输入第二个数:"))
if oper == 1:
    print(num1," + ",num2," = ",num1 + num2)
elif oper == 2:
    print(num1," - ",num2," = ",num1 - num2)
elif oper == 3:
    print(num1," * ",num2," = ",num1 * num2)
elif oper == 4:
    print(num1,"/",num2," = ",num1/num2)
else:
    print("运算符输入错误,请重新运算!")
```

解题思路 2:在上述程序中,可以实现基本运算操作,但在选择除法运算时,如果第二个数字输入 0,则会运算错误,可以通过以下方式进行异常判断。

```python
...
elif oper == 4:
```

```
if num2 == 0:
    print("除数不能为零,无法进行计算!")
else:
    print(num1,"/",num2," = ",num1/num2)
...
```

解题思路3:在上述程序中,可以实现一次选择的运算,如果想进行多次运算,需要加入循环操作。在每完成一次操作时,都让用户选择是否继续,如果输入"y",则继续进行四则运算,若选择输入"n",则结束操作。这里可以使用以下结构实现,这种结构应用广泛。

```
while True:
    ...
if 条件:
    break
```

完整程序代码如下:

```
#3-23.py
print("欢迎使用简易版计算器")
while True:
    num1 = int(input("请输入第一个数:"))
    oper = int(input('''请选择要进行的运算的编号:
        1 - 加法\n\t2 - 减法\n\t3 - 乘法\n\t4 - 除法\n'''))
    num2 = int(input("请输入第二个数:"))
    if oper == 1:
        print(num1," + ",num2," = ",num1 + num2)
    elif oper == 2:
        print(num1," - ",num2," = ",num1 - num2)
    elif oper == 3:
        print(num1," * ",num2," = ",num1 * num2)
    elif oper == 4:
        if num2 == 0:
            print("除数不能为零,无法进行计算!")
        else:
            print(num1,"/",num2," = ",num1/num2)
    else:
        print("运算符输入错误,请重新运算!")
    go = input("是否继续使用(y/n):")
    if go!='y':
        break
```

【例 3-24】 现有列表数据为

```
['chinese:90, math:70, english:80',
  'chinese:89, math:80,english:85',
  'chinese:92, math:75, english:93']
```

这是三个学生三门课的成绩数据,现要统计计算每个学生成绩的总和、平均成绩,并在屏幕上输出统计结果。

```
#3-24.py
list = ['chinese:90,math:70,english:80', 'chinese:89,math:80,english:85', 'chinese:92,math:75, english:93']
i = 0      #学生序号
for person in list:          # person 代表一个学生的成员,如'chinese:90,math:
                                 70,english:80'
    personlist = person.split(',')      # personlist 为列表类型
    i = i + 1
    sum = 0
    for score in personlist:          #score 代表一门课的成绩,如'chinese:90'
        scorelist = score.split(':')
        sum += eval(scorelist[1])
    print("第 %d 个学生总分为 %d,平均分为 %.2f" % (i,sum,sum/3))
```

运行结果为:

第 1 个学生总分为 240,平均分为 80.00
第 2 个学生总分为 254,平均分为 84.67
第 3 个学生总分为 260,平均分为 86.67

【例 3-25】 求解 $ax^2+bx+c=0$ 方程的解。

解题思路:

(1) $a=0$,不是二次方程,其他异常。

(2) $b^2-4ac=0$,有两个相等的实根。

(3) $b^2-4ac>0$,有两个不等的实根。

(4) $b^2-4ac<0$,无法使用开方函数,标准异常 ValueError。

实现代码如下:

```
#3-25.py
import math
print("This program finds the real solutions to a quadratic\n")
try:
    a = float(input("Enter coefficient a: "))
    b = float(input("Enter coefficient b: "))
```

```
    c = float(input("Enter coefficient c："))
    discRoot = math.sqrt(b * b - 4 * a * c)
    root1 = (-b + discRoot) / (2 * a)
    root2 = (-b - discRoot) / (2 * a)
    print("\nThe solutions are：", root1, root2 )
except ValueError as excObj：
    if str(excObj) == "math domain error"：
        print("No Real Roots")
    else：
        print("Invalid coefficient given")
except：
    print("\nSomething went wrong, sorry!")
```

运行程序输入数据 $b^2-4ac<0$ 时,运行结果为

This program finds the real solutions to a quadratic

Enter coefficient a：1
Enter coefficient b：2
Enter coefficient c：2
No Real Roots

运行程序输入 $a$ 值为 0 时,运行结果为

This program finds the real solutions to a quadratic

Enter coefficient a：0
Enter coefficient b：1
Enter coefficient c：1

Something went wrong, sorry!

运行程序输入数据 $b^2-4ac>0$ 时,运行结果为

This program finds the real solutions to a quadratic

Enter coefficient a：2
Enter coefficient b：6
Enter coefficient c：1

The solutions are：-0.17712434446770464 -2.8228756555322954

## 习 题

1. 当 x＝0,y＝15 时,在语句"z＝x if x else y"执行后,z 的值是_____。

2. 判断整数 x 是偶数的条件语句是_____。

3. 判断整数 x 是奇数的条件语句是_____。

4. 循环语句"for i in range(－3,21,4)"的循环次数为_____。

5. 当循环结构的循环体由多个语句构成时,必须用_____的方式组成一个语句块。

6. Python 无穷循环"while True:"的循环体中可以使用_____语句退出循环。

7. 对于 if 语句中的多条语句,应将它们以_____的方式组成一个语句块。

8. 设计一个程序,从键盘录入一个三位数,取出其百位、十位、个位分别显示在屏幕上。

9. 使用 while 循环实现求 2－3＋4－5＋6－7＋8－…＋100 的和。

10. 使用循环结构求 100 以内因子有 2 或 3 的所有数的和。

11. 一个数若除了能被 1 和它本身整除外不能被其他整数整除,那它就是素数。编写程序输出 200 以内的所有素数。

12. 使用循环在屏幕上显示如下图形(显示 7 行):

1
1 2
1 2 3
1 2 3 4
…

# 第4章 函数与模块

---

**本章要点**

- 函数的定义。
- 函数的调用。
- 变量作用域。
- random 库的常用函数。

在实际编程中,常常会重复地用到一些代码段,如果只是对这些代码段进行简单的复制粘贴势必会造成编程工作的冗繁和程序的臃肿,为了避免这类情况,产生了函数和模块化的编程思想。

Python 提倡"像搭积木一样编程",除了想表达希望 Python 可以像玩积木一样简单高效外,也想表达出 Python 能够通过函数或模块,将复杂的大规模程序代码拆解成像一块块积木组件一样的代码块。各个代码块分别进行封装后设计实现,最后通过拼搭组装在一起,形成能够实现完整功能的程序。

【例 4-1】 重复多次统计多组数据的总和。

如果不使用函数,程序可能要按照代码如下完成。

```
#4-1.py
sum = 0
for i in range(1,11):
    sum += i
print("Sum from 1 to 10 is",sum)


sum = 0
for i in range(20,38):
    sum += i
print("Sum from 20 to 37 is",sum)


sum = 0
for i in range(35,50):
    sum += i
print("Sum from 35 to 49 is",sum)
```

可以看到,上述代码实现三组数据的求和问题时,除了每次求和的起止数据不同外,其他代码都是重复的,而这也仅仅是重复统计了三组数据,现实生活中有些统计工作可能每天需要执行上百次、上千次,甚至更多次,这样的程序将永远无法真正完成。但如果改写成函数,可以很容易用简短的程序完成这些高重复率的工作。将上述代码使用函数实现,代码如下:

```
#4-1.py
def sum(i1,i2):    #求和函数
    result = 0
    for i in range(i1,i2 + 1):
        result += i;
    return result


def main():    #主函数
    print("Sum from 1 to 10 is",sum(1,10))
    print("Sum from 20 to 37 is",sum(20,37))
    print("Sum from 35 to 49 is",sum(35,49))
main()
```

可以看到,用于统计求和功能的代码仅出现了一次,然后在主函数中通过三次传递不同起止数据,调用同一个求和函数,即可完成三个求和的统计计算,程序简单,结构清晰。

## 4.1 函　　数

函数是组织好的,可重复使用的,用来封装实现某一特定功能的代码段。如果在程序设计开发时,需要某块代码多次重复使用,此时就可以将这些使用率高或可独立完成某一特定功能的代码段提炼成一个函数,然后在需要使用这一功能的一个或多个地方直接通过函数名调用这个函数即可。简单地说,一个函数就是一组语句的组合,它们可以在程序中一次或多次被调用运行。

通过函数,一方面,可以方便有效地实现代码复用,减少冗余,使复杂的程序能够变得结构清晰、简洁明了;另一方面,可以有效提高程序的易维护性和可扩展性。通过函数将独立功能代码段封装后,程序代码之间的耦合性降低,即各个函数往往都可以被独立使用。因此如果其中某一个功能函数需要升级更新,那么只需要修改这个函数即可,而不需要从整个程序中查找修改。同样地,如果需要给程序增加新功能,那么只需要根据新的需求设计编写用于实现新功能的函数即可,而不需要关心原有的功能函数是如何实现的,更不必去修改原有的功能函数。

基本上所有的高级程序设计语言都支持函数。函数提高了应用的模块性,是最基本的程序结构模块。

根据函数的来源可以将 Python 的函数分为内置函数和自定义函数两大类。Python

提供了许多内置函数,第 2 章中已经介绍了一部分常用函数,如 print()、int()等,这些内置函数可以在程序中直接使用。本书涉及的内置函数只是其中的一小部分,更多的内置函数可以通过在 IDLE 中输入"dir(__builtins__)"命令查看,并且可以使用 help(函数名)来获取一个内置函数的使用方法,可根据使用需求从中选取合适的函数。

现实中,内置函数往往不能满足应用需求,需要编程人员根据自己的需求定义新的函数,Python 也支持创建自定义函数。例如,在例 4-1 程序中提到的求和函数 sum(i1,i2)和 main()函数都属于自定义函数。

### 4.1.1 函数的定义与调用

函数定义的语法格式为

```
def func_name([arg1, arg2, ..., argN]):
    ...    # 函数体,实现函数功能的语句块
    [return 表达式]
```

函数定义的规则如下:

(1)用 def 关键字定义函数,后接函数名、圆括号和冒号。

(2)函数名命名规则与变量名命名规则相同。

(3)任何传入的参数都必须放在圆括号内,参数的个数可以是 0 个或者多个。参数个数为 0 的函数称为无参函数,包含 1 到多个参数的函数称为有参函数。

(4)定义有参函数时需要通过列举函数执行时所需的参数变量名进行占位,此时的参数称为形参(形式参数),调用函数时需要根据定义的形参依次传递对应的实参(实际参数),多个参数之间用逗号分隔。

(5)函数体整体缩进。

(6)若函数有返回值,则用"return 表达式"结束函数;如果不需要返回值,则可省略 return 语句,返回值为 None。

(7)函数体不可为空,如果定义函数时暂时无法确定函数体内容,可用 pass 表示的空语句进行占位,代码如下:

```
def func(a, b):
    pass
```

例 4-1 程序中的函数 sum(i1,i2)的函数名为 sum,函数执行时需要接收两个参数 i1 和 i2,函数体中使用 for 循环完成累加求和,将求和结果保存在了 result 变量中,最后使用 return 语句将求和结果 result 返回。而另一个 main()函数除了函数名与 sum()函数不同外,主要区别是 main()函数是无参函数,执行时不需要任何参数,而且无返回值。

注:main 这个函数名在编程领域被称为主函数,常用来命名一个程序在开始时执行的第一个函数,也可称为入口函数,特别是在 C 和 Java 等程序设计语言中,都强制要求设定程序的运行必须从主函数开始,而从书中第 4 章之前的程序中可以发现,Python 中并未对此进行强制设置,也就是说,Python 程序中可以不写 main()函数,Python 将程序中不包含在任何函数模块内的代码称为主程序,Python 程序的运行从主程序的第一行命令

开始执行。

函数定义后,如果不被调用,那么这个函数里的代码就不会被执行。函数在调用时通过函数名进行调用。函数调用的语法格式如下:

函数名([实参列表])

在调用无参函数时,直接写出函数名加上圆括号即可;在调用有参函数时,需根据定义的参数要求传入相应的参数。在例 4-1 的程序中,不属于任何函数模块的代码行只有最后一行(即调用 main()),程序运行从这里开始执行,然后在 main()函数中,分别传递三组不同的参数调用 sum()函数,即 sum(1,10)、sum(20,37)和 sum(35,49),每次将调用函数的返回值传递给内置函数 print()函数的参数并进行打印输出。

### 4.1.2 函数的参数

从 IPO 角度看,函数的参数是在执行函数时给定的输入,函数体是对输入数据的处理,函数返回值相当于函数的输出。

函数的形参在函数定义时并不会分配内存空间,只有在函数被调用时,用实参给形参赋值时才会为其分配内存空间。为保证函数功能正确执行,实参的数据类型必须满足函数体的使用需求。

【例 4-2】 包含一个参数的函数定义与调用。

```
#4-2.py
def myFriends(name):
    print(name +"是我的好朋友!")


myFriends("张三")      #调用 myFriends()方法
myFriends("李四")      #调用 myFriends()方法
myFriends("王五")      #调用 myFriends()方法
```

运行程序输出结果如下:

张三是我的好朋友!
李四是我的好朋友!
王五是我的好朋友!

在例 4-2 中,在 myFriends()函数定义时圆括号中的 name 是形参,是一个自定义的变量名,仅代表该函数运行时需要的一个参数,而调用 myFriends()函数时给定的"张三""李四"和"王五"是实参,是真正赋值到形参变量中的值。

【例 4-3】 包含多个参数的函数定义与调用——两数求和。

```
#4-3.py
def myAdd(n1, n2):
    result = n1 + n2
    return result
```

```
result = myAdd(30,50)    #调用 myAdd()方法
print("30 + 50 = %d"% result)
```

程序运行结果如下：

```
30 + 50 = 80
```

在例 4-3 中,myAdd()函数中定义了两个形参 n1 和 n2,在调用 myAdd()函数时,就需要给出对应的两个实参,实参将按顺序依次赋值给形参。由于在函数体中将对两个参数进行"+"运算符运算,因此应传递两个能够进行"+"运算的数值。myAdd(30,50)相当于把实参整数 30 赋值给 n1,把实参整数 50 赋值给 n2,完成计算后通过 return 语句将结果返回到函数调用的位置,这里在主程序中使用变量 result 保存了函数的返回值,并在后续的输出语句中使用了返回结果。

【例 4-4】 带有循环结构的函数——幂运算。

```
#4-4.py
def myPower(x, n):
    s = 1
    while n > 0：
        n = n - 1    #n用于控制循环次数
        s = s * x
    return s


s = myPower(5,3)    #调用 myPower()方法
print("5 的 3 次方是：%d"% s)
```

运行程序输出结果如下：

```
5 的 3 次方是:125
```

【例 4-5】 带有可选参数的函数。

```
#4-5.py
def ave(i1, i2, k = 1):
    result = 0
    for i in range(i1,i2 + 1):
        result += i;
    return result/k
print(ave(1,100))
print(ave(1,100,8))
```

运行程序后输出的结果如下：

```
5050.0
```

631.25

在例 4-5 中定义函数时,第三个参数直接被赋值为 1,称为默认值,有默认值的参数称为可选参数。定义带有可选参数的函数语法格式为

```
def 函数名([非可选参数列表],<可选参数>=<默认值>):
    #函数体
    [return 表达式]
```

若定义函数时,其中有参数带有默认值,那么在调用这个函数时,如果给这个参数传递数据,则用传递的实参数据进行处理,如不给有默认值的参数传递实参,函数运行时就将默认值赋值给该参数在函数体中使用。在例 4-5 的程序中,如果调用时只传递了两个参数时,则进行求累加和的运算;如果传递了三个参数,则对两个参数进行累加和后再按照第三个参数求平分值。

从参数传递的方式来说,例 4-1～例 4-5 中使用的都是位置传递方式。所谓位置传递方式,就是指按照参数的位置顺序依次将实参赋值给对应位置的形参。因为在函数调用的时候,Python 解释器会自动按照参数位置传递给对应的参数名,即调用时参数的数量和顺序必须和声明时的一样,否则会导致系统报错或得到错误的结果。

在实际使用中,还经常会遇另一种参数传递方式,即名称传递(也称为关键字传递)方式。名称传递方式在调用函数时不仅要提供实参值,还要说明将这个实参值赋值给哪个形参变量。名称传递方式函数调用语法格式为

```
函数名([形参变量名 1 = 实参值 1,…])
```

将例 4-5 程序中的函数调用改为名称传递方式后的代码如下:

```
print(ave(i1 = 1, i2 = 100))
print(ave(i1 = 1, i2 = 100, k = 8))
```

实际应用中也可以将位置传递方式和名称传递方式混合使用,称为混合参数传递,即不指定名称的按照位置传递方式执行,指定名称的按照名称传递方式执行。一般是在调用函数时排在前面的参数先使用位置传递方式,中间部分参数由于有默认值,所以可以省略,然后对后面某个特定参数单独设置,这个特定参数就需要使用名称传递方式。也就是说,使用混合参数传递方式时,位置传递方式需要在名称传递方式之前使用。

【例 4-6】 混合参数传递。

```
#4-6.py
def idea(name,add = '天津', sex = True, love = '无'):
    if sex:
        print('来自'+ add +'的', name[0],'先生的爱好是', love)
    else:
        print('来自'+ add +'的', name[0], '女士的爱好是',love)
idea('张文', love = '篮球')
```

idea('李慧', sex = False, love = '网球')

运行结果如下：

来自天津的 张 先生的爱好是 篮球

来自天津的 李 女士的爱好是 网球

在本例中，第一次调用时跳过了第2个和第3个参数，第二次调用时只跳过了第2个参数，所以分别从第3个和第4个参数使用名称传递方式。

### 4.1.3 函数的返回值

函数的返回值即函数值由函数中的 return 语句返回到函数被调用的位置。return 语句可以出现在函数中的任何位置，一个函数中可以有 0 到多个 return 语句，当有多个 return 语句时，有且仅有其中一个 return 语句可以被执行，因为 Python 解释器一旦执行到 return 语句就会结束函数调用并返回到被调用的位置。

Python 的函数返回值可以有 0 个（无 return 语句）、1 个或多个返回值。例 4-1 中的 main()函数、例 4-2 和例 4-6 中的函数都是无返回值的函数，其他例题中的函数均返回了一个值，这是编程中出现最多的。函数有多个返回值是 Python 特殊的地方，因为 C 或 Java 等语言并不支持这种返回值形式。

【例 4-7】 函数返回多个值。

```
#4-7.py
def sum(i1,i2):
    result = 0
     for i in range(i1,i2 + 1):
        result += i;
    return i1,i2,result
a,b,c = sum(25,60)
print(a,b,c)
```

由上述代码可见，函数的 return 语句后可以有多个变量名，变量名用逗号分隔，由此将多个变量的值返回，由于函数一次返回了多个值，相应在调用函数的地方就需要使用同时赋值才能将所有返回值接收保存下来。

### 4.1.4 变量的作用域

变量的作用域也可以称作变量的可见性，即程序中这个变量可以被引用访问的范围。由于使用函数和模块将程序进行了封装，因此会导致某个变量只能在特定的范围内被访问。根据程序中变量作用域的不同，可将变量分为局部变量（Local Variable）和全局变量（Global Variable）。

局部变量是指在函数内部定义的变量，仅在函数内部有效、可被访问，即从创建变量的地方开始，直到包含变量的函数结束，它只拥有函数内部的局部作用域，当函数退出时变量将不再存在。因此可以在不同的函数里定义同名的局部变量而不互相影响。

全局变量指在函数外部定义的变量,定义后在程序的全局范围内均有效且可被访问,即拥有全局作用域。

【例 4-8】 变量作用域示例。

```
#4-8.py
globalVar = 1      #创建全局变量
def f1():
    localVar = 2    #创建局部变量
    print(globalVar)
    print(localVar)
f1()
print(globalVar)
print(localVar)
```

运行程序的结果如下:

```
1
2
1
Traceback (most recent call last):
  File "E:/4-8.py", line 9, in <module>
    print(localVar)
NameError: name 'localVar' is not defined
```

由上述运行结果可以看出,在 f1()函数中可以访问该函数内部创建的局部变量 localVar 和全局变量 globalVar,但在主程序中不能访问局部变量 localVar,因为已经超出了创建这个变量的函数所属范围,这个变量的作用域已经失效,因此会因为在主程序中未定义过 localVar 而提示 NameError。

修改后的例 4-8 的程序代码如下:

```
#4-8.py
globalVar = 1      #创建全局变量
def f1():
    localVar = 2    #创建局部变量
    globalVar = 3    #这是在访问全局变量吗?
    print(globalVar)
    print(localVar)
f1()
print(globalVar)
```

运行修改后的程序会得到怎样的结果呢?

全局变量虽然可以被该程序中的所有函数访问引用,但如果要在某个函数内部使用全局变量,则应提前使用 global 关键字进行声明,语法格式如下:

```
global 全局变量名
```

【例 4-9】　全局变量的使用。

```
#4-9.py
x = 1
def increase():
    global x
    x = x + 1
    print(x)
increase()
print(x)
```

运行程序结果如下:

```
2
2
```

在上述程序中,由于在函数内使用 global 声明了该函数内的 x 为全局变量,因此在函数内对变量 x 进行操作就是在对全局变量 x 进行操作。

【例 4-10】　全局变量应用示例。

```
#4-10.py
def exchange(money, rate):
    changeMoney = money * rate      #money 和 rate 是局部变量
    return changeMoney

cashing = float(input("请输入您想要兑换的美元:"))      #函数外定义的是全
                                                     局变量
rate_now = float(input("请输入现在的汇率:"))
change_result = exchange(cashing,rate_now)      #调用 exchange()函数
print("您的美元",cashing,"美金,可以兑换成",change_result,"人民币")
```

程序执行结果如下:

```
请输入您想要兑换的美元:100
请输入现在的汇率:6.69
您的美元 100.0 美金,可以兑换成 669.0 人民币
```

在上述程序中,exchange()函数定义了三个变量,包括两个形参 money 和 rate,还有 changeMoney,它们都是在函数中定义的局部变量,只能在 exchange()函数范围内访问。而在函数外部定义的三个变量 cashing、rate_now、change_result 都是全局变量,全局变量

的作用域是全局(即当前程序),所以它们即使在函数内部依然能被访问,在程序中函数的修改如下:

```
def exchange(money, rate):
    changeMoney = money * rate      #money 和 rate 是局部变量
    print("打印全局变量 cashing 的值:",cashing)
    return changeMoney


cashing = float(input("请输入您想要兑换的美元:"))   #这里定义的是全局变量
rate_now = float(input("请输入现在的汇率:"))
change_result = exchange(cashing,rate_now)      #调用 exchange()函数
print("您的美元",cashing,"美金,可以兑换成",change_result,"人民币")
```

程序执行结果如下:

请输入您想要兑换的美元:100

请输入现在的汇率:6.69

这里试图打印全局变量 cashing 的值:100.0

您的美元 100.0 美金,可以兑换成 669.0 人民币

全局变量和局部变量各自的作用域决定了在默认情况下在函数内部可任意调用访问全局变量,但在函数外部不可调用访问在该函数内部定义的局部变量,除非在函数内部使用了 global 关键字声明为全局变量。

在实际应用中全局变量和局部变量的界限并不是很明晰,因为二者存在转换和被对方调用的可能性,具体的规则如下。

① 在默认情况下,可在函数内部调用全局变量并对其重新定义后赋值,但该值仅在函数内部有效,不影响函数外部访问该全局变量的属性和值,相当于在函数内部定义了与全局变量同名的局部变量。也就是说,局部变量和全局变量的属性不变,在函数内部局部变量生效,在函数外部全局变量生效,唯一的联系是全局变量和局部变量共用了一个变量名称。

② 函数内部定义局部变量时,可通过 global 关键字将变量的作用域扩大到全局范围,即把局部变量转换为全局变量。但建议尽量避免使用 global,因为一旦使用,对稍微复杂些的程序而言会引起变量的混乱,给程序调试带来干扰。

③ 字符串、整数数据类型在函数内部被重新赋值时,不会覆盖全局变量的值,但除此之外的组合数据类型(如列表、字典、集合等)局部变量的修改(不包括重新定义后赋值)会覆盖全局变量的值。

### 4.1.5　函数应用

【例 4-11】 计算中华人民共和国成立的天数,输入指定日期(如 2019 年 9 月 1 日),输出该日期至 1949 年 10 月 1 日的天数。

解题思路：

（1）为方便计算，从指定日期的年份到 1949 年 10 月 1 日共经历的整数年天数和，从 1949 年 1 月 1 日起计算。

① 判断从 1949 年开始后依次递增的每一年是否为闰年，闰年每年有 366 天，平年每年有 365 天。

② 闰年的判断条件：能够被 400 整除或能够被 4 整除且不能被 100 整除的年份。

（2）计算指定日期到指定日期当年的 1 月 1 日和 1949 年 10 月 1 日到 1949 年 1 月 1 日的天数。

① 1,3,5,7,8,10,12 月份每月有 31 天。

② 4,6,9,11 月份每月有 30 天。

③ 平年 2 月有 28 天，闰年 2 月有 29 天。

根据解题思路封装判断年份是否为闰年的函数，判断某年某月天数的函数和计算两日期间隔天数的函数。

```
#4-11.py
def leapYear(year):
    if (year % 400 == 0 or year % 4 == 0 and year % 100 != 0):
        return True
    else:
        return False


def daysofMonth(year,month):
    if month in [1,3,5,7,8,10,12]:
        return 31
    elif month in[4,6,9,11]:
        return 30
    else:
        if leapYear(year):
            return 29
        else:
            return 28


def countDays(year,month,day):
    sumDays = 0
    for y in range(1949,year): #计算整年天数
        if leapYear(y):
            sumDays += 366
        else:
```

```
                    sumDays += 365

        #减去1949年10月1日到1949年1月1日的天数
        for m in range(1,10):
            sumDays- = daysofMonth(1949,m)

        #累计year年1月1日,到month月day日的天数
        for m in range(1,month):
            sumDays += daysofMonth(year,m)

        return sumDays
#测试
print(countDays(1949,11,1))
print(countDays(1950,10,1))
print(countDays(2019,10,1))
```

测试运行结果如下:

```
31
365
25567
```

【例 4-12】 求 $n!$。

第3章例3-12中使用for循环完成了阶乘的计算,其实不用循环而使用函数也可以实现阶乘计算,代码如下:

```
#4-12.py
def fac(n):
    if n < 0:
        f = -1
    elif n == 0:
        f = 1
    else:
        f = fac(n-1) * n
    return f

n = int(input("输入整数 n(n >= 0):"))
f = fac(n)
if f == -1:
    print("输入数据小于0,不能计算阶乘")
else:
```

```
print("%d! = %d" %(n,f))
```

例 4-12 程序在计算阶乘时使用 fac(n)函数完成,而在 fac(n)中,由于 $n! = n\times(n-1)!$,所以要计算 fac(n)的值就要计算 fac(n-1)的值,依此类推,直到 $n=0$ 时为止,这种在某个函数的函数体中又存在调用当前函数的情况称为函数递归调用。

## 4.2 模　　块

从封装角度来看,函数是对语句块的封装,而模块则是一种更高级的封装,因为模块不仅能对语句块封装,还能封装函数。在 Python 中模块的实质就是程序,一个 .py 文件就是一个模块。因此之前所创建的每一个程序都是模块,新建一个 Python 源程序文件就是创建了一个模块。Python 中的模块可以定义变量、函数和类,也可以包含其他可执行的代码。

一个 Python 应用程序实际上就是由一系列相关模块整合构成的。根据模块的来源,可以将模块划分为三类。

① 标准库。

② 自定义程序。

③ 第三方库。

通过模块的使用,能够进一步提高代码重复利用率。此外,对于复杂的程序,也可以按照特定的规则进行分割后放到不同的模块中,在使用时再通过导入调用整合在一起。由此,Python 的一个程序文件可以不因程序复杂而使程序代码过于冗长。冗长、繁复、不易于维护的程序有悖《Python 之禅》,所以在使用 Python 语言编写程序解决实际问题时经常需要使用模块,可以说正是由于模块的使用和 Python 开源的特点,使得 Python 功能迅速壮大并被广泛推广应用。

使用模块的优势可以概括为如下几个方面。

① 使用模块能更有逻辑地组织 Python 代码段。

② 把相关的代码分配到一个模块中可以使代码更易用,更易懂。

③ 模块可以大大提高代码的复用率和可维护性。

④ Python 可提供丰富的内置模块和第三方模块,因此程序的编写往往不必从零开始,这样就提高了编程人员的工作效率,节约了程序设计开发所需的时间。

⑤ 使用模块可以避免函数名和变量名冲突。因为相同名字的函数和变量可以分别存在不同的模块中,因此,在编写模块时,不必考虑其中的变量和函数的名字会与其他模块冲突。但要注意,尽量不要与 Python 内置函数的名字冲突。

### 4.2.1 模块的导入

为了了解模块的概念,例 4-13 首先来创建一个自定义模块,把它保存成 count_feet.py。

【例 4-13】 模块自定义。

```
#count_feet.py
def chicken(num1):
    c_feet = 2 * num1
    return c_feet

def rabbit(num2):
    r_feet = 4 * num2
    return r_feet
```

模块定义保存后，就可以被其他程序文件使用了，但需要先将已经定义好的模块导入程序中。

继续例 4-13，在同 count_feet.py 相同的目录下，再新建一个 count_result.py 文件，在该文件中导入刚定义好的 count_feet 模块，从而实现不同动物脚数量的计算，模块的导入要使用 import 关键字来实现。引入的方式主要有以下两种。

**1. import 语句导入**

import 语句的语法格式如下：

import 模块 1[，模块 2，…，模块 n]

或

import 模块 as 模块别名

第一种语法格式直接将要导入的模块列表放在 import 关键字后面，使用这种方式导入的模块，在使用模块中的函数时必须加上模块名来说明使用的是来自哪个模块的函数，否则将会出现找不到函数的错误。

模块导入后就可以通过模块名和要访问的模块中的函数名或变量名进行调用。

```
#count_result.py
import count_feet

print("8 只鸡有 %d 只脚" % count_feet.chicken(8))
print("12 只兔子有 %d 只脚" % count_feet.rabbit(12))
```

运行程序 count_result.py，结果如下：

```
8 只鸡有 16 只脚
12 只兔子有 48 只脚
```

第二种语法格式是在导入模块的同时，为了简化程序中对该模块通过模块全名的方式引用，而利用 as 关键字给该模块取一个别名，这种语法格式也支持一次导入多个模块，但为保证程序简明清晰，建议在该语法格式下一次导入一个模块。如果一个程序中需要导入多个模块，则分多行代码完成。使用第二种语法格式改写的 count_result.py 代码如下：

```
#count_result.py
import count_feet as cf

print("8 只鸡有 %d 只脚" %cf.chicken(8))
print("12 只兔子有 %d 只脚" %cf.rabbit(12))
```

**2. from…import 语句导入**

from…import 语句语法格式如下：

    from 模块名 import 成员1[，成员2，…，成员n]

或

    from 模块名 import *

第一种语法格式可以一次从指定模块中将指定的1到多个成员（函数或变量）导入当前程序中；第二种语法格式是一次性将指定模块中的所有成员都导入当前程序中。由于第二种语法格式会将模块中很多不需要的成员导入，消耗内存，造成资源浪费，因此一般不推荐使用。

继续修改 count_result.py 文件，使用 from…import 语句导入自定义模块。

```
#count_result.py
from count_feet import chicken,rabbit
print("8 只鸡有 %d 只脚" %chicken(8))
print("12 只兔子有 %d 只脚" %rabbit(12))
```

使用 from…import 语句导入模块中的指定成员后，在调用模块的函数时直接写出函数名即可，不用再前缀模块名了。但正因如此，使得调用函数的所属关系被隐藏了，程序可读性将降低，如果同时导入的不同模块中存在相同的成员名，则会出现名称冲突，将会导致程序错误。

### 4.2.2　random 标准库

Python 内置的库称为标准库，Python 的标准库非常庞大，所提供的组件涉及的范围也十分广泛，几乎涵盖了计算机应用的各个领域，能够提供日常编程中许多问题的标准解决方案。常用的标准库如下。

① 文本处理相关：string 模块、re 模块等。

② 数据类型相关：datetime 模块等。

③ 数学相关：math 模块、random 模块等。

④ 图形相关：turtle 模块、tkinter 模块等。

⑤ 网络通信和协议相关：urllib 模块、http 模块、json 模块等。

⑥ 文件处理相关：os. path 模块、cvs 模块等。

⑦ 操作系统服务相关：os 模块、time 模块、io 模块、sys 模块等。

本书在 2.3 节中讲解数值运算时曾提到，math 模块中包含算术平方根、三角函数、幂运算等常见的数学操作,在后续章节中还会介绍 turtle 模块、os 模块等,本节将针对 random 模块进行介绍。

random 模块实现了各种分布的伪随机数序列生成器,是用于产生并使用随机数的标准库。random 库以 random()和 seed()两个函数为基本函数,然后以这两个函数为基础扩展了其他应用函数。

random()函数:用于生成一个 0.0~1.0 之间的小数,这个小数大于或等于 0 并小于 1。

seed(a=None):用于设置初始化随机数种子为参数 a,如果省略参数或设置参数值为 None,则默认使用当前系统时间为随机数种子。参数 a 的取值可以是整数或浮点数。如果使用默认系统时间为种子,由于时间不会重复,因此每次产生的随机数不确定。但是如果在使用随机数生成函数之前设置了某一确定种子值,然后使用各种函数生成随机数,当后续再次设置相同种子值时,如果依次重复调用设置种子后的随机数生成函数则会重复再现与之相同的随机数序列。

```
>>> import random
>>> random.random()
0.9677048385622948
>>> random.random()
0.40322123279529887
>>> random.random()
0.10565452756847793
>>> random.random()
0.6107507894798323
>>> random.seed(1)          #开始设置随机数种子为1
>>> random.random()
0.13436424411240122
>>> random.random()
0.8474337369372327
>>> random.random()
0.763774618976614
>>> random.seed(1)          #再次设置随机数种子为1
>>> random.random()         #接下来产生的随机数将与之前相同
0.13436424411240122
>>> random.random()
0.8474337369372327
>>> random.random()
0.763774618976614
>>> random.random()         #超出或和开始设置种子后执行不同函数,将停止重复
0.2550690257394217
```

基于 random() 和 seed() 函数生成的扩展随机函数如下。

（1）randint(a,b)

用于返回一个大于或等于 $a$ 且小于或等于 $b$ 的随机整数。

```
>>> import random as r      ♯使用别名
>>> r.randint(3,5)
4
>>> r.randint(1,100)
98
```

（2）randrange([start, ]stop[, step])

用于返回一个大于或等于 start 且小于 stop 之间以 step 为步长分隔的随机整数。如果省略 start，则默认从 0 开始。step 默认值为 1，step 值可以是正数，也可以是负数（递减），但必须保证 start 值按照 step 步长计算后能够向 stop 靠近，否则将提示范围错误。

```
>>> r.randrange(2,10,2)     ♯相当于从[2,4,6,8]序列中获取一个随机数
2
>>> r.randrange(2,10,2)
2
>>> r.randrange(2,10,2)
4
>>> r.randrange(100)        ♯相当于从[0,1,2,…,99]序列中获取一个随机数
3
>>> r.randrange(2,10,-2)
Traceback (most recent call last):
  File "<pyshell♯29>", line 1, in <module>
    r.randrange(2,10,-2)
  File "C:\Program Files (x86)\Python36-32\lib\random.py", line 213,
in randrange
    raise ValueError("empty range for randrange()")
ValueError: empty range for randrange()
>>>
```

（3）uniform(a,b)

当 $a<=b$ 时，用于生成一个大于或等于 $a$ 且小于或等于 $b$ 的随机小数。

当 $a>=b$ 时，用于生成一个大于或等于 $b$ 且小于或等于 $a$ 的随机小数。

```
>>> r.uniform(1.4,9.5)
4.5574513368711855
>>> r.uniform(15,8.5)
11.051653024145807
```

(4) choice(seq)

从序列类型(如字符串、列表等)的参数 seq 中随机选一个元素,seq 不能为空。

```
>>> r.choice((1,4,6))
1
>>> r.choice(("abcdef"))
'f'
>>> r.choice((""))
Traceback (most recent call last):
  File "<pyshell#38>", line 1, in <module>
    r.choice((""))
  File "C:\Program Files (x86)\Python36-32\lib\random.py", line 258,
in choice
    raise IndexError('Cannot choose from an empty sequence') from None
IndexError: Cannot choose from an empty sequence
```

(5) shuffle(seq)

将序列类型参数 seq 的所有元素随机排序后返回。调用该函数后,seq 中元素排列的顺序将发生改变。

```
>>> seq = [1,2,3,4,5,6,7,8,9,10]
>>> r.shuffle(seq)
>>> seq
[8, 9, 7, 10, 6, 1, 3, 2, 4, 5]
>>> r.shuffle(seq)
>>> seq
[2, 7, 4, 9, 6, 8, 1, 5, 10, 3]
```

(6) sample(pop, k)

从代表总体数据的序列或集合类型参数 pop 中随机选择 $k$(整数)个元素(不重复选择)并以列表类型返回,用于无重复地随机抽样。继续上例,其测试代码如下:

```
>>> r.sample(seq,3)
[10, 9, 8]
>>> seq
[2, 7, 4, 9, 6, 8, 1, 5, 10, 3]
>>> r.sample("abcdefg",4)        #随机从字符串中选取 4 个字符
['b', 'f', 'g', 'd']
```

由上述第二行命令可知,sample()函数将结果以新列表返回,不会影响原始总体数据。

（7）getrandbits(k)

返回一个由 *k* 个二进制位构成的随机整数。实际通过调用 randrange()处理任意大范围数据。

```
>>> a = r.getrandbits(4)
>>> print(a,format(a,"4b"))
14 1110
>>> a = r.getrandbits(4)
>>> print(a,format(a,"4b"))
6 110
>>> a = r.getrandbits(5)
>>> print(a,format(a,"4b"))
20 10100
```

**【例 4-14】** 模拟抽奖游戏,每次随机生成 A、B、C、D 四个选项中的一个,用户选择（输入）一个,如果用户输入的与随机生成的相同,则提示中奖信息,否则提示"很遗憾,再来试试?"。

```
♯4-14.py
import random
def  getRand():      ♯随机抽一个选项放置奖项
    return random.choice("ABCD")
def  lottery(mychoice):
    award = getRand()
    print(award)
    if mychoice == award:
        print("恭喜你,你中大奖了!")
    else:
        print("很遗憾,再来试试?")


lottery(input("随机抽一个吧(A、B、C 还是 D)?"))
```

**【例 4-15】** 先假设教师要从一同上课的两个班中各随机抽取 3 位同学去参加学科竞赛,1 班同学根据学号依次编号为 1～38,2 班同学依次编号为 39～73,为避免主观影响,请编程帮助教师完成"抽签"。

```
♯4-15.py
import random


def getId(start = 1, end = 38, count = 3):
    list = [i for i in range(start,end + 1)]
```

```
        return random.sample(list,count)

print(getId(1, 38) + getId(39, 73))
```

### 4.2.3 第三方库

在 Python 标准库以外,还存在成千上万并且不断增加的其他组件,这些组件包括单独的程序、模块或软件包,还包括完整的应用开发框架,这些组件称为第三方库。官方网站 https://pypi.org/提供了这些第三方库的索引功能(PyPI,Python Package Index),这其中含有 9 万多个第三方库的基本信息,覆盖了信息领域所有技术方向,形成了庞大的计算生态,如用于网络数据爬取的 request 库,用于数据分析处理的 numpy 库、scipy 库,用于文本分词的 jieba 库和词云 wordcloud 库,用于数据可视化的 matplotlib 库、pyqtgraph 库,用于创建用户图形界面的 pyqt 库和 wxpython 库,用于机器学习的 tensorFlow 库和 sklearn 库,用于 Web 应用开发的 django 库和 flask 库,用于游戏开发的 pygame,等等。Python 强大的第三方库支持为编程应用开发提供了便利,同时激发了很多人创新应用的思路,现在社会上一些人工智能方向的应用(如语音识别、图像识别、数据分析等),很多都是基于 Python 的第三方库开发的。

第三方库不会随着 Python 环境的安装而自动安装,如果需要使用第三方库,则需要在安装 Python 环境后单独进行安装。安装第三方库最常用的方法是使用 pip 工具安装。

pip 工具在默认安装 Python 时会自动安装。使用 pip 安装第三方库的命令格式如下:

pip  install<第三方库名或第三方库安装文件名>

使用时,打开系统 cmd 命令提示符窗口并输入安装命令,命令执行后,如果提供了第三方库的安装文件,则直接执行安装步骤;如果未提供第三方库的安装文件,则需在联网自动下载后进行安装。

除安装第三方库外,pip 命令还可以执行如下关于库的其他操作。

(1) 查看已安装库。

pip list

(2) 查看指定已安装的库的详细信息。

pip show <库名>

(3) 卸载已安装的库。

pip uninstall <库名>

(4) 下载第三方库但不执行安装。

pip download <库名>

本书将在第 6 章文件处理中使用第三方 jieba 库对文本文件内容进行分词处理。

### 4.2.4 包

使用模块能够更有逻辑地组织 Python 代码段,提高程序的可维护性,但是,如果不同的人员编写的模块名相同了该怎么办? 为了避免模块名冲突,Python 又引入按目录来组织模块的方法,这就是包(Package)。

一个包就是放在一个文件夹里的模块集合。包的名字就是文件夹的名字。每一个包的目录下面都会有一个 \_\_init\_\_. py 的文件,这个文件是必须存在的,否则,Python 就会把这个目录当成普通目录,而不是一个包,也就没法从这个文件夹里面导入那些模块。\_\_init\_\_. py 可以是空文件,也可以有 Python 代码,因为 \_\_init\_\_. py 本身就是一个模块。

一个 Python 程序就是一个模块,所以如果有一个名为 cat. py 的文件就相当于有一个名为 cat 的模块,一个 dog. py 的文件就是一个名为 dog 的模块。现假设这里的 cat 和 dog 这两个模块名字与其他模块名字冲突了,即同时出现了两个 cat 模块和两个 dog 模块,此时就可以通过包来将这些模块进行分包,以避免名称冲突。具体方法是为其中一组或两组分别选择一个顶层包名,如创建一个 animal 包,然后将当前的 cat 模块和 dog 模块按照如下目录存放:

```
animal
├── __init__. py
├── cat. py
└── dog. py
```

按照上述目录存放好后,原来的 cat 模块的名字就变成 animal. cat,同样,dog 模块的名字变成 animal. dog。也就是说,引入包以后,只要顶层的包名不与其他的冲突,那所有模块就都不会与之冲突。

同理,还可以创建多级目录,组成多级层次的包结构,如下面的目录结构:

```
animal
├── wild
│   ├── __init__. py
│   ├── tiger. py
│   └── lion. py
├── __init__. py
├── cat. py
└──dog. py
```

文件 tiger. py 的模块名就是 animal. wild. tiger,而文件 lion. py 的模块名就是 animal. wild. lion。所以,如果要导入 tiger 模块时,应该使用"import animal. wild. tiger"语句。

注意,自定义创建的模块名时,不能和 Python 自带的模块名称冲突。例如,系统自带了 sys 模块,就不能自定义创建名为 sys. py 的模块,否则将无法导入系统自带的 sys 模块。

### 4.2.5　搜索路径

下面介绍 Python 的解释器到底是如何完成模块导入的。实际上,Python 模块的导入需要一个路径搜索的过程,而在这个搜索过程中,Python 的解释器会根据模块所处的位置进行一系列的搜索,其搜索顺序默认如下。

(1) 先搜索当前所在目录。

(2) 若在当前目录中找不到指定的模块,则搜索在 Python 的环境变量 PYTHONPATH 下的每个目录。

(3) 若仍未找到,Python 会查看默认路径。

模块搜索路径存储于 system 模块的 sys.path 变量中,这个变量包含当前目录、PYTHONPATH 和由安装过程决定的默认目录。想要查看这些,可以导入 sys 包进行查看(不同机器上路径信息可能不同):

```
>>> import sys
>>> sys.path
['',C：\\Python\\Python36-32\\Lib\\idlelib', 'C：\\Python\\Python36-32\\
python36.zip','C:\\Python\\Python36-32\\DLLs','C:\\Python\\Python36-32\\lib','
C:\\Python\\Python36-32', 'C：\\Python\\Python36-32\\lib\\site-packages']
```

以上列出的路径都是 Python 在导入模块操作时会搜索的范围,尽管这些路径都可以使用,但 site-packages 目录是最佳的选择,因为它就是用来做这些事情的。

用户可以根据需要添加一个搜索路径,实现的方法有以下两种(不同操作系统在设置上稍有不同,这里默认为 Windows 系统)。

方法一:通过设置环境变量 PYTHONPATH 来实现。在 Windows 搜索框输入 cmd 命令,打开命令提示符,执行以下命令:

```
set PYTHONPATH = E:\\Python\\MyPackage
```

然后重新进入 Python 环境进行查看:

```
>>> import sys
>>> sys.path
['',C：\\Python\\Python36-32\\Lib\\idlelib', 'C：\\Python\\Python36-32\\
python36.zip','C:\\Python\\Python36-32\\DLLs','C:\\Python\\Python36-32\\lib','
C:\\Python\\Python36-32', 'C：\\Python\\Python36-32\\lib\\site-packages', 'E:\\
Python\\MyPackage']
```

可以看到新设置的路径已经添加到搜索路径的最后了。

方法二:直接在 Python 环境中,通过 sys 模块的 append()方法来实现路径的添加,如下所示:

```
>>> import sys
>>> sys.path.append("E:\\Python\\MyPackage")
```

```
>>> sys.path
['',C：\\Python\\Python36-32\\Lib\\idlelib','C：\\Python\\Python36-32\\
python36.zip','C:\\Python\\Python36-32\\DLLs','C:\\Python\\Python36-32\\lib','
C:\\Python\\Python36-32','C：\\Python\\Python36-32\\lib\\site-packages','E:\\
Python\\MyPackage']
```

以上两种方法都可以实现用户自己添加模块搜索路径,这样设置之后用户就可以更方便地找到相关的 Python 模块了。

# 习　题

1. Python 定义函数的关键字是_____。

2. random.random()生成_____之间的数。

3. random 库中用于生成[$a$,$b$]之间整数的方法是_____。

4. 不属于函数的作用的是(　　)。

A. 提高代码执行速度　　　　　　　　B. 复用代码

C. 增强代码可读性　　　　　　　　　D. 降低编程复杂度

5. 关于 import 引用,以下选项描述错误的是(　　)。

A. import 保留字用于导入模块或者模块中的对象

B. 使用"import turtle"引入 turtle 库

C. 可以使用"from turtle import setup"引入 turtle 库

D. 使用"import turtle as t" 引入 turtle 库,取别名为 t

6. 关于 random 库,以下选项描述错误的是(　　)。

A. 通过"import random"可以引入随机库

B. 通过"from random import ＊"可以引入 random 随机库

C. 生成随机数之前必须要指定随机数种子

D. 设定相同种子,每次调用随机函数生成的随机数相同

7. 函数的形参和实参有什么区别?

8. 请列举出几个你所熟悉的 Python 内置函数,并说出它们的功能和使用方法。

9. 函数的变量作用域有几种? 不同的变量作用域在使用上有什么区别?

10. 什么是模块? 使用模块的好处是什么? 模块的导入有几种方式? 它们之间有什么区别?

# 第 5 章　turtle 库的应用

**本章要点**

- turtle 模块的导入。
- turtle 常用函数。

　　turtle 库是 Python 重要的标准库之一，turtle 库是一个可以用来绘制各种简单图形的库。使用 turtle 绘制图形被称为海龟绘图，因为在绘图时，将画笔想象成一只小海龟，绘图时就像是有一只小海龟在画布上移动，小海龟移动的轨迹就是绘制的图形。海龟图最早是由 Wally Feurzeig、Seymour Papert 和 Cynthia Solomon 开发的原始徽标编程语言的一部分，Python 内置的 turtle 库基本上涵盖了海龟图的所有功能。

　　由于 turtle 库是基于 Python 的另一个标准库 tkinter 库实现的基本图形界面，因此要想使用 turtle 库进行绘图就需要先安装 tkinter 库。

　　使用 turtle 绘图时，将绘图区域（也可以称作画布）理解为一个平面坐标系，画布正中心坐标为 $(0,0)$，以像素为单位向 $x$ 轴正负方向或 $y$ 轴正负方向移动，移动的具体方向以 $x$ 轴正方向为默认 0°基准，顺时针向下为负角度方向，逆时针向上为正角度方向，角度值由移动方向和 $x$ 轴正方向的夹角度数决定。

　　使用 turtle 库绘制图形时一般遵循如下步骤。

　　(1) 导入 turtle 库。

　　(2) 调用 turtle 库中的函数绘制图形。

## 5.1　turtle 常用函数

　　Python 的 turtle 库中包含有近百个函数，这其中包括变换画笔颜色、宽度和转向等。本章对一部分常用 turtle 函数进行介绍，这其中包括在例 1-1 中出现的内容，其他函数可以从 Python 的官方网站中查询。

**1. shape([name])**

　　shape([name])用于设置画笔形状，name 参数可取值为"arrow""turtle""circle""square""triangle"或"classic"。默认值使用 classic 形状"►"。shap([name])省略参数时返回当前形状名。

```
>>> import turtle
>>> turtle.shape()
'classic'
```

```
>>> turtle.shape("turtle")    ♯设置画笔形状为小海龟
>>> turtle.shape()
'turtle'
```

**2. pendown( )**

pendown( )可简写为 pd( ),也可简写为 down( )。pendown( )用于落下画笔,在后续移动画笔时能够在画布上绘制出图形,在未调用过与之相对的 penup( )函数之前,默认为画笔落下状态。

**3. penup( )**

penup( )可简写为 pu( ),也可简写为 up( )。与 pendown( )功能相反,penup( )用于抬起画笔,在之后移动画笔时将不会在画布上留下轨迹,即不能绘制图形。

**4. pensize([width])与 width([width])**

这两个函数是等价的,都可用来设置画笔的宽度,其中参数 width 是表示画笔线条宽度的一个正数,数值越小,画笔越细。如果省略参数,函数将返回当前画笔的宽度值。

**5. speed([speed])**

该函数用于设置画笔运动的速度,参数 speed 表示速度值,如省略则返回当前画笔的速度值。speed 可以取 0~10 范围内的整数,0 代表最快,其他数字值越大,表示速度越快,如果值大于 10 或小于 0.5,则默认设置为 0。speed 也可以是字符串,"fastest"最快相当于 0;"fast"相当于 10;"normal"相当于 6;"slow"相当于 3;"slowest"最慢,相当于 1。

```
>>> import turtle as t
>>> t.speed()
3
>>> t.speed(0.5)
>>> t.speed()
0
>>> t.speed(10)
>>> t.speed()
10
>>> t.speed(11)
>>> t.speed()
0
>>> t.speed("normal")
>>> t.speed()
6
>>> t.speed("fastest")
>>> t.speed()
0
>>> t.speed("slowest")
```

```
>>> t.speed()
1
>>> t.speed("fast")
>>> t.speed()
10
>>> t.pensize()
1
```

**6. pencolor([arg])**

该函数在使用时,参数 arg 可以有四种形式。

(1) pencolor():没有参数传入,返回当前画笔颜色。

(2) pencolor(colorstring):传入表示颜色的字符串参数,设置画笔颜色,如"green" "red"等。

(3) pencolor((r,g,b)):以 r,g,b 元组表示的 RGB 颜色设置画笔颜色,r,g,b 的取值范围是 0~1 或 0~255。

(4) pencolor(r,g,b):以 r,g,b 表示的 RGB 颜色设置画笔颜色。

**7. color([arg])**

该函数在使用时,参数 arg 可以有多种输入形式。

(1) color():没有参数传入,返回由当前画笔颜色和填充颜色组成的元组,其中画笔颜色实质是通过调用 pencolor() 函数返回的,而填充颜色由 fillcolor() 函数返回的。

(2) color(colorstring)、color((r,g,b)) 或 color(r,g,b):参数与 pencolor() 函数参数形式一致,与 pencolor() 函数不同的是,color() 函数将用参数指定的颜色,同时设置画笔颜色和填充颜色。

(3) color(colorstring1,colorstring2)、color((r1,g1,b1),(r2,g2,b2)):使用带有数字 1 的颜色参数设置画笔颜色,使用带有数字 2 的颜色参数设置填充颜色,相当于同时调用 pencolor(colorstring1) 和 fillcolor(colorstring2) 或 pencolor((r1,g1,b1)) 和 fillcolor((r2,g2,b2))。

如果不需要同时对画笔颜色和背景填充颜色进行设置,则直接使用 pencolor() 函数设置画笔颜色或使用 fillcolor() 函数设置填充颜色即可。fillcolor() 函数的使用方法与 pencolor() 函数相同。

**8. forward(distance)**

forward(distance) 可简写为 fd(distance),其作用是使画笔沿当前方向移动 distance 个像素的距离,distance 可以使用整数或浮点数。当 distance 为正数时,则向前移动;当 distance 为负数时,则向相反的方向移动。

**9. backward(distance)**

backward(distance) 可简写为 bk(distance) 或 back(distance),其作用是使画笔沿当前方向的反方向移动 distance 个像素的距离,distance 的取值和含义与 forward() 函数除方向相反外其他都一致。要说明的是,forward() 函数的参数 distance 为负数和 backward() 函数的参数 distance 为正数时的反向移动都不会改变画笔的方向,也就是说,画笔是后退着移动的。

**10. goto(x[，y])**

goto(x[，y])表示将画笔移动到坐标为(x，y)的位置，它和 setpos(x[，y])及setposition(x[，y])通用。x，y 均是画布坐标系中的绝对坐标值，与画笔当前所在位置坐标无关，且不改变方向，如果参数 y 省略，则 x 必须是一个能够表达坐标的数值对，如元组、列表等。如果在使用该函数移动画笔时，画笔是落下的状态，那么在移动的过程中将会绘制直线。

**11. right(angle)**

right(angle)可简写为 rt(angle)，表示在当前方向的基础上向右旋转 angle 度的角，angle 可以是整数或浮点数。如果 angle 为负数，则向左旋转。

**12. left(angle)**

left(angle)可简写为 lt(angle)，表示在当前方向的基础上向左旋转 angle 度的角，angle 可以是整数或浮点数。如果 angle 为负数，则向右旋转。

**13. setheading(to_angle)**

setheading(to_angle)可简写为 seth(to_angle)，用于设置画笔当前方向为 to_angle角度，to_angle 为绝对角度值，与画笔当前方向无关，在 turtle 默认的标准模式下，以画笔的初始方向——$x$ 轴的正方向，即正东方向为绝对 0°，逆时针向左旋转，绝对角度值逐渐增大，正北方向($y$ 轴正方向)为绝对 90°，正西方向为绝对 180°，正南方向为绝对 270°。如果顺时针向右旋转，则绝对角度值为负数。

**14. begin_fill()**

begin_fill()表示准备开始填充图形，在绘制要填充的形状之前调用。

**15. end_fill()**

end_fill()表示填充从上次调用 begin_fill()函数后绘制的图形，并且需要在 begin_fill()函数调用之前设置好画笔颜色和填充颜色。

```
>>> t.fd(50)
>>> t.pensize(10)
>>> t.right(125)
>>> t.fd(100)
>>> t.seth(180)
>>> t.pencolor("green")
>>> t.fd(100)
>>> t.up()
>>> t.goto(-100,50)
>>> t.down()
>>> t.color("red","yellow")
>>> t.bk(100)
>>> t.right(90)
>>> t.fd(30)
```

```
>>> t.left(90)
>>> t.bk(-100)
>>> t.left(90)
>>> t.fd(30)
>>> t.begin_fill()
>>> t.fd(75)
>>> t.right(90)
>>> t.fd(60)
>>> t.right(90)
>>> t.fd(60)
>>> t.right(90)
>>> t.fd(60)
>>> t.end_fill()
>>> t.fillcolor("purple")
>>> t.up()
>>> t.goto(-230,-40)
>>> t.down()
>>> t.circle(50)
>>> t.begin_fill()
>>> t.circle(-30)
>>> t.end_fill()
```

上述命令执行完成后,会得到图 5.1 所示的图形。

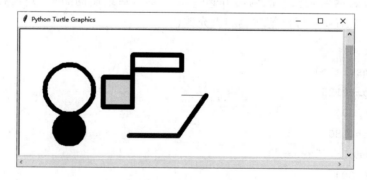

图 5.1　turtle 绘制图形

### 16. circle(radius[, extent, steps])

circle(radius[, extent, steps])表示以给定半径画圆。radius 参数用于指定半径,可以是整数或浮点数,如果半径为正数,则圆心在画笔的左边 radius 个单位,如果半径为负数,则圆心在画笔的右边 radius 个单位;extent 为一个夹角,用来决定绘制圆的一部分圆弧,省略 extent 时则绘制整个圆。radius 为正数时朝逆时针方向绘制圆弧,否则朝顺时针方向绘制圆弧。画笔的方向会依据 extent 的值而改变。圆实际是以其内切正多边形来近似表示的,steps 参数就是用来指定圆内切正多边形的边数的,如省略边数则会自动确定,正因如此,此函数也可用来绘制正多边形。

>>> turtle.circle(18,steps = 6)　　　#绘制正六边形
>>> turtle.circle( – 30)　　　　　　 #在画笔右边画圆
>>> turtle.circle(40,90)　　　　　　 #朝逆时针方向绘制1/4圆弧

命令执行后绘制图形如图 5.2 所示。

图 5.2　circle()绘图测试

**17. write(arg[, move, align, font＝("font-name",font_size,"font_type")])**

write(arg[, move, align, font＝("font-name",font_size,"font_type")])表示在画布上画笔当前位置书写文本。参数 arg 为要书写的内容字符串;move 参数用来指定是否需要移动画笔,默认 move 的值为 False,即不移动画笔,如果 move 为 True,则将画笔移动到文本的右下角;align 参数指定文本相对于画笔的对齐方式,默认值为"left"左对齐,可以设置为右对齐"right"或居中对齐"center";font 参数是用来设置文本字体样式的,设置时需使用由字体名、字号和字体样式(加粗"bold"、斜体"italic"或正常"normal"等)组成的元组进行赋值,默认值为("Arial",8,"normal")。

>>> turtle.goto(0,50)
>>> turtle.write("Python 原来还可以这样用")
>>> turtle.goto(0,25)
>>> turtle.write("turtle 海龟绘图",True,"right",font = ("黑体",12,"bold"))
>>> turtle.goto(0, – 10)
>>> turtle.write("Python 真强大",False,"center",font = ("黑体",10,"italic"))

上述命令执行完成后,最后效果如图 5.3 所示。

图 5.3　write()运行结果

**18. hideturtle()**

hideturtle()可简写为 ht(),用于隐藏画笔。当绘制复杂图形时,隐藏画笔可显著加快图形绘制速度。使用 showturtle()、st()可恢复画笔显示。

在上面代码的最后加一行：

>>> turtle.hideturtle()

上述命令执行后的效果如图5.4所示，可以看到画笔的图形看不见了。

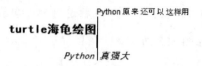

图5.4　hideturtle()运行效果

## 5.2　使用 turtle 绘制图形

在开始学习 turtle 时，可以查看 IDLE 的 Turtle Demo 中提供的各种案例，通过查看案例代码、观看绘图过程，可分析案例算法并进行学习，从而根据自身需求绘制各种图形。

启动 IDLE 后，从 IDLE 的"Help"菜单下选择"Turtle Demo"命令（如图5.5所示），即可打开"Python turtle-graphics examples"窗口，如图5.6所示。

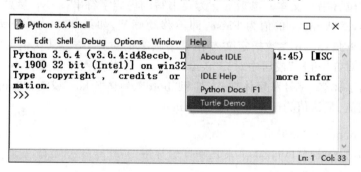

图5.5　Turtle Demo 菜单

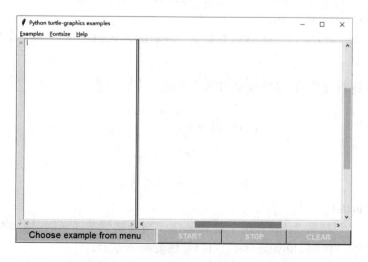

图5.6　Python turtle-graphics examples 窗口

从窗口的"Examples"菜单中任选一个案例,如选择"tree"命令,就会在图 5.6 所示窗口的左侧显示该案例的源代码,如图 5.7 所示。打开代码后,窗口下方会有提示信息,单击"START"按钮即可执行案例程序,在窗口右侧绘制图形,"tree"案例执行后绘制的图形效果如图 5.8 所示。

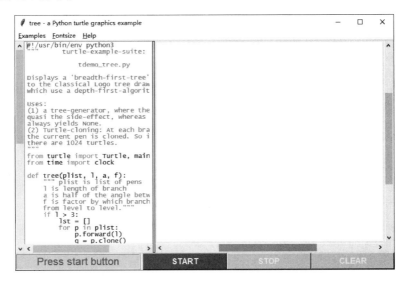

图 5.7 打开案例源代码

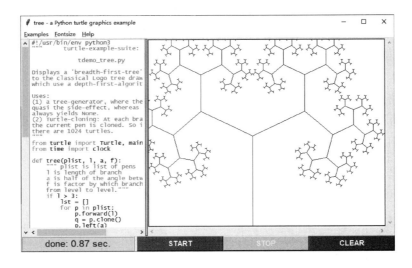

图 5.8 tree 案例运行效果

【例 5-1】 使用 turtle 库绘制一个边长为 150 的正方形。

解题思路:每绘制完一条边后旋转 90°,直到四条边都绘制完成。其中"绘制长度为 150 的直线,然后左转(右转)90°"是重复的操作,可用循环完成。

```
#5-1.py
import turtle as t
```

```
d = 0
for i in range(4):
    t.fd(150)
    d = d + 90
    t.seth(d)
```

程序运行结果如图5.9所示。

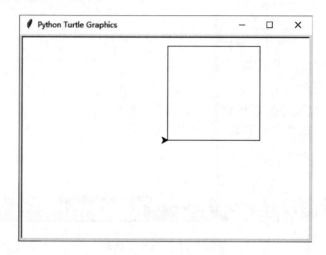

图 5.9　正方形绘制

与例5-1相似,可以轻松绘制正三角形、正五边形、正六边形等,只是每次旋转的角度不同,可以使用"left(360/边数)"进行转向角度的计算。

**【例 5-2】**　使用 turtle 库绘制五个同心圆。

解题思路:同心圆即圆心相同、半径不同的圆,每当绘制完成一个圆后,要保持画笔方向不变,然后沿 $y$ 轴方向移动出一段间隔,即相邻两圆的半径差。如此重复五次即可完成五个同心圆。

```
#5-2.py
import turtle as t

t.pensize(10)
t.colormode(255)
t.color(10,255,255)
y = 0
for i in range(5):
    y = y-30
    t.penup()
    t.goto(0,y)
    t.pendown()
```

```
t.circle(30 * (i + 1)))
```

运行结果如图 5.10 所示。

图 5.10　turtle 绘制同心圆

【例 5-3】　使用 turtle 绘制五星红旗。

解题思路:五星红旗中主要包括三个元素,即红色的长方形旗面、左上角的一个大的正五角星以及大正五角星周边 4 个同样大小但角度不同的五角星。

```
#5-3.py
import turtle as t


#红色的旗面
def flag(x,y):
    t.up()
    t.goto(x,y)
    t.down()
    t.color("red")
    t.begin_fill()
    for i in range(4):
        if i % 2 == 0:
            t.forward(300)
        else:
            t.forward(200)
        t.left(90)
    t.end_fill()


def star(x):
```

```
        t.color("yellow")
        t.begin_fill()
        for i in range(5):
            t.forward(x)
            t.right(144)
        t.end_fill()


#黄色的大五角星
def bigstar(x,y):
        t.up()
        t.goto(x,y)
        t.down()
        star(35)


#四个小五角星
def littlestar(x,y,single):
        '''single 代表小五角星旋转的角度,以保证小五角星的一个角正对大五角星中心'''
        t.up()
        t.goto(x,y)
        t.left(single)
        t.down()
        star(14)


#主程序
flag(-150,-100)
bigstar(-130,60)
littlestar(-60,75,30)
littlestar(-40,50,60)
littlestar(-38,22,30)
littlestar(-50,8,60)
t.hideturtle()    #隐藏画笔
t.done()
```

运行结果如图 5.11 所示。

思考:五个五角星如果使用同一个函数实现,那么该如何设置这个函数的参数?

【例 5-4】 使用 turtle 绘制模拟数码管的数字显示日期。

解题思路:要使用 7 段数码管来表示 0~9 这 10 个数字,显示不同数字时,需要使对应的数码管亮起,而其他数码管不亮,如图 5.12 所示。

图 5.11　turtle 绘制五星红旗

图 5.12　数码管数字

使用 turtle 绘制数码管时,将 7 段数码管看作 7 条相同长度的线段,每条线段之间存在一定间隔,所以依次使用 turtle 绘制出 7 条线段和间隔(画笔抬起)即可。

为了简化画笔在绘制中的移动,优先选择图 5.13 所示的顺序绘制 7 条线段。

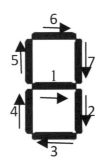

图 5.13　绘制数码管的顺序

```
#5-4.py
import turtle as t
def drawLine(draw):     #绘制单段数码管
    t.fd(6)
    if draw:
        t.pendown()
```

```
        t.fd(40)
        t.penup()  #绘制数码管间隔
        t.fd(6)


def drawDigit(d):  #根据数字依次绘制七段数码管
    drawLine(1) if d in [2,3,4,5,6,8,9] else drawLine(0)
    t.seth(-90)
    drawLine(1) if d in [0,1,3,4,5,6,7,8,9] else drawLine(0)
    t.seth(180)
    drawLine(1) if d in [0,2,3,5,6,7,8,9] else drawLine(0)
    t.seth(90)
    drawLine(1) if d in [0,2,6,8] else drawLine(0)
    drawLine(1) if d in [0,4,5,6,8,9] else drawLine(0)
    t.seth(0)
    drawLine(1) if d in [0,2,3,5,6,8,9] else drawLine(0)
    t.seth(-90)
    drawLine(1) if d in [0,1,2,3,4,7,8,9] else drawLine(0)


def drawDate(date):
    t.pencolor("red")
    count = 0
    for s in date:
        count += 1
        if count == 5:
            t.write('年',font = ("宋体", 24, "bold"))
            t.fd(40)      #将画笔右移以便开始下一个数字
            t.pencolor("green")
        elif count == 8:
            t.write('月',font = ("宋体", 24, "bold"))
            t.fd(40)
            t.pencolor("blue")
        else:
            drawDigit(eval(s))
            t.seth(0)
            t.fd(15)
    t.write('日',font = ("宋体", 24, "bold"))


t.setup(800, 200, 100, 100)  #设置画布窗口大小以及位置
```

```
t.penup()
t.goto( - 360,15)
t.pensize(8)
drawDate("2019-09-01")
t.hideturtle()
```

程序运行效果如图 5.14。

图 5.14 turtle 绘制数码管日期

# 习    题

1. 下列 turtle 函数中可以改变画笔方向的是(    )。

A. turtle. fd()        B. turtle. goto()        C. turtle. circle()        D. turtle. down()

2. 使用 turtle 函数绘制边长为 350 的正三角形。

3. 使用 turtle 函数绘制如下图形(如图 5.15 所示)。

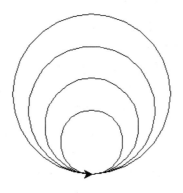

图 5.15 图形 1

4. 使用 turtle 函数绘制如下图形(如图 5.16 所示)。

图 5.16 图形 2

5. 试着使用 turtle 的不同函数绘制不同样式的多边形。

# 第6章 文件处理

## 本章要点

- 文件的概念。
- 文件的打开与关闭。
- 文本文件的读写。
- os 模块的常用函数。
- os. path 模块的常用函数。

文件是指记录在外部存储介质(硬盘、U 盘等)上的一组相关数据信息的集合。在 Windows 操作系统中,使用文件管理各种数据,根据文件名进行存取操作。数据只有存储在文件中才能被永久保存下来。

为了区分不同的文件,每个文件都要有一个文件名作为标识,计算机的操作系统根据文件名检索指定的文件。完整的文件名应包括盘符、路径、主文件名和扩展名四个部分组成。例如,对于文件名"D:\python\test. py",其中,"D:"代表盘符,表示文件存储在 D 盘上;"\python\"代表路径,表示文件在 python 文件夹中;"test"为主文件名,日常使用时往往用主文件名代替文件名;"py"为扩展名,文件名中的扩展名可由 1~4 个字符组成,标志了一个文件的类型,py 代表了文件是 Python 源代码文件。在日常应用中常用的文件扩展名还包括 txt(代表文本文件)、doc(代表 word 文档文件)、bmp(代表位图文件)。

在本书前面例题的程序中要进行处理的数据不是直接在程序中给出的,就是通过 input()函数进行实时输入的,然而在现实中,由于程序运行时,不一定每次的输入都要在程序运行时由使用者逐一输入,特别是当一个程序需要大量的数据输入时,这就需要提前将要输入的数据保存在文件中,在运行需要时由程序直接从文件中读取,然后对数据进行运算、统计、分析等数据处理。程序运行过程中产生的结果如果没有被及时保存到文件中,当程序运行结束后这些结果数据就消失了,所以在程序中经常需要将程序运行过程中运算处理得到的数据保存在文件中。计算机程序经常需要通过程序进行文件处理。

## 6.1 文件基础操作

文件操作的一般流程:

(1) 创建或打开文件。

(2) 从文件中读取数据并进行应用处理或将经过处理的数据写入文件。

(3) 关闭文件。

Python 支持对多种文件进行处理,同时 Python 里丰富的第三方库扩展了 Python 的文件处理能力。本书仅就 Python 内置的文件处理操作进行介绍,Python 内置文件处理主要可以处理两类文件:文本文件和二进制文件。本书只对文本文件的处理加以介绍,二进制文件的处理方法和文本文件的处理方法有很多相似。

### 6.1.1　文件的打开与关闭

对某个文件中的数据进行读写操作的前提是一定要将这个文件打开,打开文件的实质就是将文件对象与当前程序关联起来,使该程序获得操作这个文件的权限。

**1. 文件的打开**

Python 通过内置的 open( )函数打开一个文件,常用格式为:

<变量名> = open( <文件名>[ ，打开模式 ])

open( )函数在使用时一般需要提供两个参数:文件名和打开模式。使用方法如下:

```
file = open("stuinfo.txt","w")
file = open("stuinfo.txt","wt")
file = open(r"d:\python\stuinfo.txt","r")
file = open("d:\\python\\stuinfo.txt")
```

上述四行命令都可用来打开文件,其中第一行与第二行命令是等价的,因为打开模式中的"t"代表要处理的文件类型是文本文件,而在 Python 中默认情况即为文本文件的打开。由于本书仅介绍文本文件的操作,所以后续命令中都将省略"t"。第三行与第四行命令是等价的,因为在省略打开模式时默认为"r"模式打开。

文件的打开模式将决定后续可对文件进行的操作内容,文本文件的打开模式如表 6.1所示。

表 6.1　文本文件的打开模式

| 打开模式 | 含　义 |
| --- | --- |
| r | 只读模式,默认值,如果文件不存在,则发生 FileNotFoundError 异常 |
| w | 覆盖写模式,只允许写入文件,默认从文件开始处将新内容写入并覆盖原有内容,如果文件不存在,则创建新文件 |
| x | 创建写模式,创建新文件写入内容,如果文件已经存在,则发生 FileExistsError 异常 |
| a | 追加写模式,只允许写入文件,默认从文件末尾处将新内容写入,如果文件不存在,则创建新文件 |
| +. | 与 r/w/x/a 一同使用,在原功能基础上同时增加读写功能,需要注意文件定位问题。例如,"r+"是指在原有只读模式的基础上同时具备可写功能 |

上述四行命令的前两行使用的是相对路径,而后两行使用的是绝对路径。相对路径是从当前位置(当前程序文件所在位置)出发查找文件,绝对路径是从盘符出发查找文件。当文件名中包含文件夹路径时需要使用"\"分隔不同的文件夹,即可以参考第四行命令使用转义字符,也可以参考第三行命令使用原生字符串,即在文件名的字符串前加上"r",以

此来表明这是一个字符串,以避免将其中的"\"解释为转义字符。

**2. 文件的关闭**

当文件使用完毕后,一定要及时将文件关闭,即取消文件与程序之间的关联,释放该文件的使用权,这样其他程序才能有权操作该文件。如果没能及时正常关闭文件,将导致其他程序无法使用该文件,甚至可能导致数据丢失或文件损坏等严重后果。使用 close()函数关闭文件,使用格式为:

<变量名>.close( )

## 6.1.2  文件的读写

使用 open()函数打开文件后,文件与程序的关联被建立起来,在程序中通过变量名对文件进行操作。

**1. 文件的读取**

当文本文件以"r"方式或其他"r"与"+"结合的方式打开后,可以对文件中的内容进行读取操作,文本文件的读取方法如表 6.2 所示。

表 6.2  文本文件的读取方法

| 操作方法 | 含　义 |
|---|---|
| read([count]) | 从文件当前位置开始读取 count 个字符,当前位置移动到第 count 个字符后。当 count 省略或超过文件尾时,读取至文件尾。如果当前位置在文件尾,则返回空字符串 |
| readline([count]) | 从文件中读取当前行的当前位置开始的 count 个字符,当前位置移动到第 count 个字符后。当 count 省略或超过当前行剩余字符数时,读取到当前行尾,当前位置移到下一行。如果当前位置为文件尾,则返回空字符串 |
| readlines([count]) | 从文件中读取从当前位置开始,到其后的 count 个字符所在行行尾的所有内容,返回以每行内容的字符串为元素形成的列表,当前位置移到下一行。当 count 省略或超过文件尾时,读取至文件尾 |

**【例 6-1】**  读取并输出文件 stuinfo. txt 中的所有内容,文件内容如图 6.1 所示。

```
19050601 张三      熟练
19050605 李明      陌生
19050602 王丽      一般
```

图 6.1  stuinfo. txt 文件内容

程序代码如下:

```
#6-1.py
file = open("stuinfo.txt")
print(file.read( ))      #print(file.readlines())
file.close()
```

在上述代码中,使用的是默认打开模式,即使用只读模式打开文件,这里也可以使用

"a+"的方式打开文件,但是在打开文件后会定位在文件末尾,如果此时读取文件将读不到任何内容,需要先定位到文件开始位置后再读取文件。"r""w""x"模式在打开文件后默认定位在文件开始的位置。

程序运行结果如下:

```
19050601      张三      熟练
19050605    李明    陌生
19050602    王丽    一般
```

如果使用 readlines( )方法读取文件,输出结果为

['19050601\t 张三\t 熟练\n','19050605\t 李明\t 陌生\n','19050602\t 王丽\t 一般]

思考:在打开文件后分别执行下列命令将会输出怎样的结果?

```
print(file.read(8))
print(file.readline())
print(file.readline(8))
print(file.readlines(8))
print(file.readlines(18))
print(file.readlines(30))
```

【例 6-2】　按行输出文件 stuinfo. txt 中的所有内容。
程序代码如下:

```
#6-2.py
file = open("stuinfo.txt")
for line in file.readlines( ):      #相当于循环列表元素
    print(line, end = "")
file.close()
```

上述代码虽然完成了按行输出文件内容,但是读入文件时会将文件所有内容一次性全部读入,当要读取的文件非常大时,这样会占用很多内存,影响程序效率,所以最好逐行读取,代码如下:

```
file = open("stuinfo.txt")
str = file.readline( )      #逐行读取
while str != "":
    print(str, end = "")
    str = file.readline( )
file.close()
```

另外,由于 Python 在打开文件后会将文件本身保存为一个行序列,所以推荐直接使用如下代码完成。

```
file = open("stuinfo.txt")
for line in file:
    print(line, end = "")
file.close()
```

**2. 文件的写入**

当文本文件以除"r"以外的其他方式打开后，可以向文件中写入数据，文本文件写入的方法如表 6.3 所示。

表 6.3　文本文件写入的方法

| 操作方法 | 含　义 |
| --- | --- |
| write(< string >) | 从文件当前位置开始写入字符串 string |
| writelines(< lines >) | 从文件当前位置开始，依次写入列表 lines 的每个元素。lines 的每个元素均为字符串。若不同元素之间需要换行，需在每个元素的字符串中加入"\n" |

【例 6-3】　向文件 stuinfo. txt 末尾添加学生信息"19050611，李丽，熟练"，格式参照已有数据，最后显示添加后的所有数据。

由于要保留原有数据，并在文件末尾添加新数据，添加数据后还需要显示所有数据，所以需要以"a"模式打开文件，为了保证能够读取数据，选择以"a＋"模式打开，代码如下：

```
♯6-3.py
file = open("stuinfo.txt","a + ")
file.write("\n19050611\t 李丽\t 熟练")
file.seek(0)              ♯将当前位置定位到文件开始处
print(file.read( ))       ♯显示所有内容，确认写入是否成功
file.close()
```

程序运行结果如下：

```
19050601    张三    熟练
19050605    李明    陌生
19050602    王丽    一般
19050611    李丽    熟练
```

【例 6-4】　向文件 stuinfo. txt 中添加多位学生信息，最后显示所有学生信息。学生信息包括"19050619，赵一一，较好""19050608，张文，较好"。

```
程序代码如下：
♯6-4.py
file = open("stuinfo.txt","a + ")
lines = ["\n19050619\t 赵一一\t 较好","\n19050608\t 张文\t 较好"]
file.writelines(lines)
file.seek(0)     ♯重新定位到文件开始位置，以便从头夺取所有数据
```

```
print(file.read( ))
file.close()
```

程序运行结果如下：

| | | |
|---|---|---|
| 19050601 | 张三 | 熟练 |
| 19050605 | 李明 | 陌生 |
| 19050602 | 王丽 | 一般 |
| 19050611 | 李丽 | 熟练 |
| 19050619 | 赵一一 | 较好 |
| 19050608 | 张文 | 较好 |

### 3. 文件的定位

在例 6-3 和例 6-4 中,使用 seek(0)将要处理的当前位置定位到文件开始的位置,这是因为以"a"模式打开文件后,当前位置位于文件末尾,写入新内容后,当前位置移动到新的文件末尾位置,如果此时直接读取文件将无法读出文件中的内容,需要回到文件开始的位置读取文件内容。常用的两个关于文件定位的方法有两个,如表 6.4 所示。

表 6.4　文件定位的常用方法

| 操作方法 | 含　义 |
|---|---|
| tell( ) | 返回文件操作的当前位置,使用从文件开始到当前位置的字节数表示。文件开始位置值为 0 |
| seek(<offset>[, from]) | 根据参数 offset 及 from 移动文件操作的当前位置。offset 表示位移量,即要移动的字节数,值为正数时,表示向文件尾方向移动,值为负数时,表示向文件开始位置移动。from 表示开始移动的参考位置,值为 0 时,表示从文件开始处开始移动,值为 1 时,表示从当前位置开始移动,值为 2 时,表示从文件末尾处开始移动,默认值为 0。在处理文本文件时,from 只有取值为 0 时才有意义,且 offset 不能为负数 |

注:一个英文字符占用一字节,一个汉字占用两字节。

```
file = open("stuinfo.txt")
print(file.tell())
print(file.read(8))
print(file.tell())
file.seek(9,0)
print(file.read())
print(file.tell())
file.seek(file.tell()-18)
print(file.tell())
print(file.readlines())
print(file.tell())
```

```
file.close()
```

在例 6-4 的运行结果上运行上述程序后,结果如下:

```
0
19050601
8
张三     熟练
19050605     李明     陌生
19050602     王丽     一般
19050611     李丽     熟练
19050619     赵一一   较好
19050608     张文     较好
120
102
['19050608\t 张文\t 较好']
120
```

### 6.1.3   使用 with 打开文件

在单独使用 open( )方法打开文件进行数据读写之后,一定要使用 close( )方法关闭文件,此外还可以将 open( )方法与 with 关键字结合使用,简化代码。使用 with 打开文件后,在文件操作完毕时会自动调用 close( )方法关闭文件,使代码更为优雅简洁、结构清晰。

将例 6-1 的程序使用 with 改写,代码如下:

```
with open("stuinfo.txt")  as file:
    print(file.read( ))
```

【例 6-5】   文件复制:将"d:\python\stuinfo.txt"复制到"d:\python\backup\stuinfo.txt"。

解题思路:文件复制即将原始文件内容读出后再写入目标文件中,然而在写文件时要考虑目标文件所在目录是否存在,如果不存在,则需要先创建文件夹。

程序代码如下:

```
#6-5.py
import os          #导入 os 模块,用于判断文件夹是否存在
with open(r"d:\python\stuinfo.txt") as sourcefile:
    source = sourcefile.read()

if os.path.exists(r"d:\python\backup"):
    pass          #如果文件夹已存在,则可以直接复制文件
```

```
else：
    os.mkdir(r"d:\python\backup")  #文件夹不存在则创建该文件夹

with open(r"d:\python\backup\stuinfo.txt","w + ") as desfile：
    #文件新建或覆盖
    desfile.write(source)
    print("文件" + sourcefile.name + "已复制到" + desfile.name)
    print("文件内容如下:")
    desfile.seek(0)
    print(desfile.read())
```

# 6.2  os 模块及 os.path 模块

在文件读写操作中经常需要对相关的文件夹目录进行操作,Python 提供的标准库中的 os 模块和 os.path 模块可以提供相关常用操作。

## 6.2.1  os 模块

Python 内置的 os 模块中包含了对操作系统提供的文件操作相关功能的调用,使用 os 模块时要注意区分适用不同操作系统的方法,本书将针对 Windows 系统中使用的部分方法,如文件创建、删除、重命名等。在例 6-5 中,当文件夹不存在时,使用了 os 模块中的 mkdir( )方法创建文件夹。

通过 os 模块,可以查询当前操作系统的一些基本信息,如

```
>>> import os
>>> os.name          #查询操作系统名称,nt 代表 windows 系统
'nt'
>>> os.sep           #查询文件路径的分割符
'\\'
>>> os.linesep       #查询当前平台使用的行终止符
'\r\n'
```

在 os 模块中关于目录和文件操作的常用方法如表 6.5 所示。

表 6.5  os 模块的常用方法

| 操作方法 | 含　义 |
| --- | --- |
| chdir(＜path＞) | 切换工作目录到 path |
| getcwd() | 返回当前工作目录的字符串 |
| listdir(［path］) | 返回工作目录 path 下的文件名列表,默认值为当前目录 |
| makedirs(＜path＞) | 创建包含子目录的新目录,如目录已存在,则抛出 FileExistsError 异常 |

续 表

| 操作方法 | 含 义 |
|---|---|
| mkdir(＜newdir＞) | 创建新目录 newdir,如目录已存在,则抛出 FileExistsError 异常。参数 newdir 可使用绝对路径表示,若仅提供目录名,则在当前工作目录下创建新目录 |
| rmdir(＜dir＞) | 删除指定目录 dir,若 dir 包含多级目录,则仅删除最后一级目录,若目录非空,则抛出 OSError |
| removedirs(＜dir＞) | 从多级目录 dir 中的最后一级子目录到父目录逐级删除目录,若其中存在非空目录,则抛出 OSError |
| remove(＜file＞) | 删除文件 file,若文件不存在,则抛出 FileNotFoundError 异常 |
| rename(＜old＞,＜new＞) | 将目录或文件 old 重命名为 new,若文件不存在,则抛出 FileNotFoundError 异常 |
| walk(＜top＞[, topdown＝True]) | 遍历 top 目录中的所有文件,在默认情况下从 top 开始,若 topdown＝False,则从 top 的子目录开始。返回一个由三元组(root,dirs,files)构成的迭代器,可通过循环遍历其中的内容 |

测试运行 os 模块的常用方法,结果如下:

```
>>> import os
>>> os.getcwd()                 #获取当前工作目录
'C:\\Program Files (x86)\\Python36'
>>> os.chdir("d:\\python")      #切换工作目录

>>> os.getcwd()
'd:\\python'
>>> os.listdir()
['6-1.py', '6-2.py', '6-3.py', '6-4.py', '6-5.py', 'backup', 'stuinfo.txt']
>>> os.makedirs(".\\test\\pt") #在当前工作目录创建目录 test,内含子目录 pt

>>> os.listdir()
['6-1.py', '6-2.py', '6-3.py', '6-4.py', '6-5.py', 'backup', 'stuinfo.txt', 'test']
>>> os.removedirs(".\\test")           # 删除目录 test,但 test 非空,抛出异常
Traceback (most recent call last):
  File "<pyshell#44>", line 1, in <module>
    os.removedirs(".\\test")
  File "C:\Program Files (x86)\Python36\lib\os.py", line 238, in removedirs
    rmdir(name)
OSError: [WinError 145]目录不是空的。: '.\\test'
```

```
>>> os.removedirs(".\\test\\pt ")          # 删除 test 目录及其子目录 pt

>>> os.rename(".\\backup",".\\backups")

>>> os.listdir()
['6-1.py', '6-2.py', '6-3.py', '6-4.py', '6-5.py', 'backups', 'stuinfo.txt']
```

**【例 6-6】** 查看 D 盘 python 目录下的所有文件及文件夹。

解题思路：os 模块中的 walk() 函数可以用来遍历指定目录下的所有文件，并将这些文件的数据以一个由三元组（root,dirs,files）构成的迭代器返回，有了迭代器，就可以通过循环结构遍历其中的内容。

程序代码如下：

```
# 6-6.py
import os
for root, dirs, files in os.walk("d:\\python", topdown = False):
    # 从子目录开始遍历
    print("当前目录:",root)
    i = j = 0
    for file in files:
        i += 1
        print("\t\tD 盘 python 目录下的文件",i,":   ",end = "")
        print(file)
    for dir in dirs:
        j += 1
        print("\t\tD 盘 python 目录下的目录",j,":",end = "")
        print(dir)
    if i == 0 and j == 0:
        print("\t 当前目录为空目录")
    else:
        print("\t 当前目录共包含 %d 个文件夹和 %d 个文件。" % (j,i))
```

### 6.2.2　os.path 模块

Python 中关于文件及目录的操作还有一部分在 os.path 模块中，这些主要用于针对路径的操作，如表 6.6 所示。

表 6.6　os. path 模块的常用方法

| 操作方法 | 含　义 |
|---|---|
| abspath(＜path＞) | 返回 path 路径的绝对路径字符串 |
| basename(＜path＞) | 返回 path 的文件名,即 split( )返回值的第 2 个元素 |
| dirname(＜path＞) | 返回 path 的路径,即 split( )返回值的第 1 个元素 |
| exists(＜path＞) | 判断 path 是否存在,存在则返回 True,否则返回 False |
| isabs(＜path＞) | 判断是否为绝对路径,是则返回 True,不是则返回 False |
| isdir(＜path＞) | 判断 path 是否存在且是目录,是则返回 True,不是则返回 False |
| isfile(＜path＞) | 判断 path 是否存在且是文件,是则返回 True,不是则返回 False |
| getsize(＜path＞) | 获取 path 文件大小,以字节为单位。如果 filename 不存在,则抛出 OSError 异常 |
| getatime(＜path＞) | 返回 path 最近一次的访问时间(以秒为单位),若文件不存在,则抛出 OSError |
| getctime(＜path＞) | 返回 path 的创建时间(以秒为单位),若文件不存在,则抛出 OSError |
| getmtime(＜path＞) | 返回 path 最近一次的修改时间(以秒为单位),若文件不存在,则抛出 OSError |
| jion(＜path1＞[,＜path2＞…]) | 将所有字符串参数使用系统路径分割符按顺序合并为一个完整路径字符串 |
| split(＜path＞) | 将文件路径拆分为包含两个元素的元组,其中,第 2 个元素为最后一级目录名或文件名,其他为第 1 个元素 |
| splitdrive(＜path＞) | 将文件路径拆分为包含两个元素的元组,其中,第 1 个元素为盘符,其他为第 2 个元素 |
| splitext(＜path＞) | 将文件路径拆分为由文件名(可含路径)和扩展名两个元素组成的元组 |

# 6.3　文件读写应用

【例 6-7】　读取问卷问题文本文件 Question. txt,其内容如图 6.2 所示,将使用者的回答存入以使用者的姓名命名的文本文件中。

> 1.你所在的班级是?
> 2.你的姓名是?
> 3.你在Python课程上学到了什么?
> 4.你希望后续的程序设计课程应该如何安排?

图 6.2　Question. txt 文本文件的内容

解题思路:文本文件中包含多行问题,由于这些问题需要逐一获得使用者的回答,因此需要通过程序逐行读取文本文件,并且在显示完当前行的问题内容后,需要等待使用者输入回答后再继续显示下一行问题。直到所有问题都读取完毕后,对文本文件的读取才结束。

　　要将每次使用者的回答存入文本文件中,所以需要在每次使用者输入完答案后,要将答案保存下来;要想创建以使用者姓名命名的文本文件,需要获得使用者的姓名并以此创建新文件。

　　程序代码如下:

```
#6-7.py
str_answer = ''

user = input("输入姓名以便保存文件:")
with open("Question.txt",'r') as fr:
    str_q = fr.read()
    str_line = str_q.split("\n")

for question in str_line:
    if question == "":
        break
    str_answer += input(question) + '\n'

with open(user + ".txt",'w') as fw:
    fw.write(str_answer)
```

【例 6-8】　统计文件 Chapter.txt 中 26 个英文字母出现的次数。

　　解题思路:要统计每个字母出现的个数,需要对文件内容中的每个字符进行判断,首先要确定字符是否是英文字母,这可以使用字符串内置函数 isalpha() 判断,如果是英文字母,则需要在用来统计该字母出现次数的数据上加 1。现需要统计 26 个字母出现的次数,就需要有 26 个用来记录的变量,为了节约变量名,便于数据的操作,可将这 26 个代表次数的数保存到有序的列表中,列表中的 26 个数据依次对应从 a~z 的 26 个字母。

　　程序代码如下:

```
#6-8.py
def main():
    infile = open("Chapter.txt", "r")
    counts = 26 * [0]

    for line in infile:
        countLetters(line.lower(), counts)

    for i in range(len(counts)):
        if counts[i] != 0:
            print(chr(ord('a') + i) + " appears " + str(counts[i])
```

```
            + ("time" if counts[i] == 1 else " times"))

    infile.close()

def countLetters(line, counts):
    for ch in line:
        if ch.isalpha():
            counts[ord(ch) - ord('a')] += 1

main()
```

【例 6-9】 对比两个文本文件内容(空行除外)是否完全相同。

解题思路:分别读取两个文本文件的内容,然后按顺序对比两个文件内容的数据,遇到空行(仅包含"\n",不含其他字符)时要进行跳过处理。

程序代码如下:

```
#6-9.py
def main():
    file1 = input("输入要比较的第一个文件名:")
    file2 = input("输入要比较的第二个文件名:")
    compare(file1,file2)   #调用比较方法进行比较

def compare(file1,file2):
    f1 = open(file1)
    f2 = open(file2)
    for line in f1:         #根据 file1 逐行比较
        if line == "\n":
            continue       #跳过 file1 中的空行
        else:
            #跳过 file2 中的空行
            lineinfile2 = f2.readline()
            while lineinfile2 == "\n":
                lineinfile2 = f2.readline()
                continue
            if line == lineinfile2:# 两行相同,继续比较下一行
                continue
            else:
                if lineinfile2 =="":   #file2 结束了,但 file1 是非空行
                    print("%s 与 %s 不同" %(file1,file2))
```

```
                    break
        if f1.readline() == "":        #file1 已经结束
            s = f2.read()
            if s.replace("\n","")!= "":#file2 未结束且为非空行
                print("%s 比 %s 内容要少" %(file1,file2))
            else:                #file2 也结束或剩余均为空行
                print("%s 与 %s 内容相同" %(file1,file2))
        f1.close()
        f2.close()


main()
```

【例 6-10】 利用 jieba 分词模块将文本文件 jieba_test.txt 内容中的分词,统计词频并将结果存入文件 jieba_result.txt 中。

注:jieba 模块属于第三方库,需要提前安装。

程序代码如下:

```
#6-10.py
import re
import jieba
from collections import Counter


file_path = r'jieba_test.txt'
file_dict = r'mydict.txt'
file_result_path = r'jieba_result.txt'


def textParse(content):
    #以下两行过滤出中文及字符串以外的其他符号
    r = re.compile("[\s + \. \! \/_\? 【】\-(?:\))(?:\()(?:\[)(?:\])(\:),
$ %^*(+\"\'] +|[+ — —!,。?、;'’“”:~@#￥%……&*《》()]+")
    #\s 匹配任何空白字符,等效于[ \t\n\r\f\v]
    #前面是英文符号,后面是中文符号
    content = r.sub(",content)
    jieba.load_userdict(file_dict)    #加载自定义词典,用于匹配一些新词组
    data = jieba.lcut(content)        #精确模式分词
    return data


def saveResult(data):    #对分词结果进行词频统计,保存入文件
    #对分词结果用 Counter 类统计词频,将统计结果创建成一个字典对象
```

```
        data = dict(Counter(data))
        #结果写入文件保存
        with open(file_result_path,'w') as fw:
            for k,v in data.items():
                fw.write("%s,%d\n" % (k,v))


def main():
    with open(file_path,'r') as fr:     #读文件
        cont = fr.read()
    result = textParse(cont)    #调用分词函数
    saveResult(result)


main()
```

# 习　　题

1. 编程实现将系统随机产生的 100 个整数按行存入 random.txt 中。

2. 编程实现将一个包含两列内容的文本文件按列分别存入两个文件。

3. 编程实现统计某一目录下所有 Python 源程序文件的总大小。

4. 编程实现将一个文本文件中的所有英文字母转换为大写字母并保存修改后的文件内容。

5. 编程实现根据学生成绩单统计平均成绩、最高分及最低分等信息。

6. 以下选项中不能完成对文件写操作的是(　　)。

A. write( )　　　　　B. writelines( )　　　C. write( )和 seek( )　D. writetext( )

7. 以下选项中不能完成对文件读操作的是(　　)。

A. read( )　　　　　B. readlines( )　　　　C. readline( )　　　　D. readtext( )

# 参 考 文 献

[1] Python 3.7.4 文档. https：//docs. python. org.

[2] 嵩天,礼欣,黄天羽. Python 语言程序设计基础. 2 版. 北京:高等教育出版社,2018.

[3] 全国计算机等级考试考试大纲——二级 Python 语言程序设计考试大纲(2018 年版).

[4] 嵩天. 全国计算机等级考试二级教程——Python 语言程序设计(2019 年版). 北京:高等教育出版社,2019.

[5] 江红,余青松. Python 程序设计与算法基础教程. 2 版. 北京:清华大学出版社,2019.

# 附录 I  Python 标准异常

| 异常名称 | 描述 |
| --- | --- |
| BaseException | 所有异常的基类 |
| SystemExit | 解释器请求退出 |
| KeyboardInterrupt | 用户中断执行(通常是输入^C) |
| Exception | 常规错误的基类 |
| StopIteration | 迭代器没有更多的值 |
| GeneratorExit | 生成器(Generator)发生异常来通知退出 |
| StandardError | 所有的内建标准异常的基类 |
| ArithmeticError | 所有数值计算错误的基类 |
| FloatingPointError | 浮点计算错误 |
| OverflowError | 数值运算超出最大限制 |
| ZeroDivisionError | 除(或取模)零(所有数据类型) |
| AssertionError | 断言语句失败 |
| AttributeError | 对象没有这个属性 |
| EOFError | 没有内建输入,到达 EOF 标记 |
| EnvironmentError | 操作系统错误的基类 |
| IOError | 输入/输出操作失败 |
| OSError | 操作系统错误 |
| WindowsError | 系统调用失败 |
| ImportError | 导入模块/对象失败 |
| LookupError | 无效数据查询的基类 |
| IndexError | 序列中没有此索引(Index) |
| KeyError | 映射中没有这个键 |
| MemoryError | 内存溢出错误(对于 Python 解释器不是致命的) |
| NameError | 未声明/初始化对象 (没有属性) |
| UnboundLocalError | 访问未初始化的本地变量 |
| ReferenceError | 弱引用(Weak Reference)试图访问已经垃圾回收了的对象 |
| RuntimeError | 一般的运行时错误 |
| NotImplementedError | 尚未实现的方法 |
| SyntaxError | Python 语法错误 |

续 表

| 异常名称 | 描 述 |
|---|---|
| IndentationError | 缩进错误 |
| TabError | Tab 和空格混用 |
| SystemError | 一般的解释器系统错误 |
| TypeError | 对类型无效的操作 |
| ValueError | 传入无效的参数 |
| UnicodeError | Unicode 相关的错误 |
| UnicodeDecodeError | Unicode 解码时的错误 |
| UnicodeEncodeError | Unicode 编码时的错误 |
| UnicodeTranslateError | Unicode 转换时的错误 |
| Warning | 警告的基类 |
| DeprecationWarning | 关于被弃用特征的警告 |
| FutureWarning | 关于构造将来语义会有改变的警告 |
| OverflowWarning | 旧的关于自动提升为长整型的警告 |
| PendingDeprecationWarning | 关于特性将会被废弃的警告 |
| RuntimeWarning | 可疑的运行时行为(Runtime Behavior)的警告 |
| SyntaxWarning | 可疑语法的警告 |
| UserWarning | 用户代码生成的警告 |

# 附录 II　全国计算机等级考试二级模拟题

1. 以下选项中不属于 IPO 模式一部分的是（　　）。

A. Input　　　　B. Program　　　　C. Process　　　　D. Output

2. 以下选项中不符合 Python 语言变量命名规则的是（　　）。

A. TempStr　　　B. I　　　　C. 3_1　　　　D. _AI

3. Python 函数中用于获取用户输入的是（　　）。

A. get( )　　　　B. eval( )　　　　C. input( )　　　　D. print( )

4. 以下哪个数是二进制数（　　）。

A. 0xef　　　　B. 52　　　　C. 0b101　　　　D. 0o52

5. 关于结构化程序设计所要求的基本结构，以下选项中描述错误的是（　　）。

A. 重复（循环）结构　　　　　　B. 选择（分支）结构

C. goto 跳转　　　　　　　　　D. 顺序结构

6. 关于 Python 程序格式框架的描述，以下选项中错误的是（　　）。

A. Python 语言的缩进可以采用 Tab 键实现

B. Python 单层缩进代码属于之前最邻近的一行非缩进代码，多层缩进代码根据缩进关系决定所属范围

C. 判断、循环、函数等语法形式能够通过缩进包含一批 Python 代码，进而表达对应的语义

D. Python 语言不采用严格的"缩进"来表明程序的格式框架

7. 以下选项中不是 Python 语言的保留字的是（　　）。

A. while　　　B. do　　　　C. global　　　　D. def

8. 以下标识符哪个不是 Python 的关键字（　　）。

A. if　　　　B. True　　　　C. try　　　　D. void

9. "s = {"Python",}, type(s)"的结果为（　　）。

A. < class 'int' >　　　　　　B. < class 'set' >

C. < class 'str' >　　　　　　D. < class 'String' >

10. 以下关于 Python 字符串的描述中，错误的是（　　）。

A. 字符串是字符的序列，可以按照单个字符或者字符片段进行索引

B. 字符串包括两种序号体系：正向递增和反向递减

C. Python 字符串提供区间访问方式，采用[N:M]格式，表示字符串中从 N 到 M 的索引子字符串（包含 N 和 M）

D. 字符串是用一对双引号""""或者单引号"''"括起来的零个或者多个字符

11. "s = "hello python""，则 s[1:3]为（　　）。

A. 'hel'　　　　B. 'el'　　　　C. 'he'　　　　D. 'ell'

12. 45%5 跟以下哪个式子是等效的（　　）。

A. 45/5　　　B. 45//5　　　C. 45 * *5　　　D. pow(45,1,5)

13. 已知字符串 s，len(s)＝n(n＞＝5，且为奇数)，则下列哪个选项为 s 中间的字符（　　）。

A. s[n//2]　　B. s[(n+1)//2]　　C. s[n/2]　　　　D. s[(n+1)/2]

14. 以下哪项是 Python 用来定义函数的关键字（　　）。

A. def　　　　B. func　　　　C. main　　　　D. global

15. 以下哪项不能用来创建集合（　　）。

A. set1 = set()　　　　　　　　B. set1 = {3}

C. set1 = {3,6}　　　　　　　　D. set1 = {[3,5,3]}

16. lst1 和 lst2 都是非空列表，以下哪个方法不能向列表中增加元素（　　）。

A. lst1.append('a')　　　　　　B. lst2.insert(0,1)

C. lst1 = lst1+lst2　　　　　　D. lst2.pop(0)

17. 以下关于集合的定义哪项是错的（　　）。

A. set1={2,4,[3,5]}　　　　　　B. set1 = set([3,5,3])

C. set1 = {3,6}　　　　　　　　D. set1 = {'h','e','l','l','o'}

18. 以下哪个数据类型是不可变的（　　）。

A. 列表　　　　B. 字典　　　　C. 集合　　　　D. 元组

19. 执行以下程序，输入 4 后将显示_____。

```
def fac(n):
    if n<0:
        f = -1
    elif n==0:
        f = 1
    else:
        f = fac(n-1) * n
    return f
f = fac(int(input("输入整数 n(n>= 0):")))
print(f)
```

20. 已知 dt ={'a':97,'b':98,'c':99,'d':100}，则 len(dt)的结果为（　　）。

A. 8　　　　　B. 4　　　　　C. 7　　　　　D. 3

21. 执行以下程序，输入" apple and peach"后将显示_____。

```
str = input("输入一串字符串:")
count = 0
for c in str:
```

```
        if c == '':   #字符常量为空格
              print("space",end = " - ")
        else：
              count += 1
print(count)
```

22. 执行以下程序后将显示_____。

```
def test(x = 3, y = 5)：
    global z
    z += a * b
    return z
z = 1
print(z,test())
```

23. 以下哪个不能进行条件逻辑操作（　　）。

A. xor          B. not          C. and          D. or

24. 以下哪个赋值语句是合法的（　　）。

A. x = 3.14,y=2.71          B. 3 = x

C. x = 3.14 y=2.71          D. x=y=3.14

25. 下列数字与 52 相等的是（　　）。

A. 0b0001110   B. 0o54          C. 0x34          D. 0x52

26. 以下哪个是 Python 的合法注释（　　）。

A. //注释     B. '注释'          C. #注释          D. "注释"

27. 以下哪个函数是可以作用于所有的数据类型的（　　）。

A. len()          B. max()          C. sum()          D. type()

28. 用于查询一个字符的 ASCII 码值的是以下哪个函数（　　）。

A. id()          B. chr()          C. ord()          D. type()

29. 执行以下程序后 text.txt 里的结果是_____。

```
file = open("text.txt",'w')
x = [78,86,69]
y = []
fori in x：
    y.append(str(i))
file.write(",".join(y))
file.close()
```

30. "print(format(3141.592653589793,"2.2f"))"的输出结果为（　　）。

A. 31.59     B. 3141          C. 41.59          D. 3141.59

31. 下列哪个选项不能显示出一个"双引号"（　　）。

A. print("""")　　B. print("\"")　　　　C. print("")　　　　D. print(\"")

32. "round(7.8,2)"的计算结果为(　　　)。

A. 7.8　　　　B. 8.00　　　　C. 7　　　　D. 7.80

33. "print(ord('z')-ord('a'))"的运行结果为(　　　)。

A. y　　　　B. 26　　　　C. z　　　　D. 25

34. format()函数的返回值类型为(　　　)。

A. 字符串　　B. 列表　　　　C. 整型　　　　D. 浮点型

35. 若"s = "hello,python"",则 s.count('o')的返回值为(　　　)。

A. 4　　　　B. 2　　　　C. −2　　　　D. True

36. t = ('p', 'y', 't', 'h', 'o', 'n'),以下哪个式子是不正确的(　　　)。

A. print(t[−1])　　　　　　　　B. print(sum(t))

C. print(max(t))　　　　　　　　D. print(len(t))

37. 以下哪个式子可以用来产生一个空集合(　　　)。

A. {}　　　　B. ( )　　　　C. []　　　　D. set()

38. tup = (1,2),则 2 * tup 的结果为(　　　)。

A. (2,　4)　　B. (1,2,1,2)　　C. 表达式非法　　D. (2,1,2)

39. dt1 = {'a':97,'b':98,'c':99},dt2 = {'b':98,'a':97,'c':99},则 dt1 == dt2 的返回值为(　　　)。

A. True　　　　B. 1　　　　C. 0　　　　D. False

40. 现有文件"city.txt"文件,其中有两行内容:

北京,上海,天津,重庆

内蒙古,广西,宁夏,新疆,西藏

执行以下程序后将显示_____。

```
f = open("city.txt", "r")
ls = f.read().strip('\n').split(",")
f.close()
print(ls)
```

41. set1 = {1, 2, 5, 3},set2 = {8, 1, 2, 3, 4, 5, 15},则下列哪个式子的返回结果为 True(　　　)。

A. set1.issubset(set2)　　　　　B. set1.issuperset(set2)

C. set2.issubset(set1)　　　　　D. set2-set1

42. 关于 Python 语言的注释,以下选项中描述错误的是(　　　)。

A. Python 语言的单行注释以"♯"开头

B. Python 语言的单行注释以单引号"'"开头

C. Python 语言的多行注释以"'''"(三个单引号)开头和结尾

D. Python 语言有两种注释方式:单行注释和多行注释

43. 关于 Python 的选择结构,以下选项中描述错误的是(　　　)。

A. 选择结构可以向已经执行过的语句跳转

B. 选择结构使用 if 保留字

C. 在 Python 中 if-else 语句用来形成双分支结构

D. 在 Python 中 if-elif-else 语句用来形成多分支结构

44. 以下关于循环结构的描述,错误的是( )。

A. 遍历循环使用"for <循环变量> in <循环结构>"语句,其中循环结构不能是文件

B. 使用 range() 函数可以指定 for 循环的次数

C. "for i in range(5)"表示循环 5 次,i 的值是从 0 到 4

D. 用字符串做循环结构的时候,循环的次数是字符串的长度

45. 执行以下程序,输入 qp,输出结果是( )。

```
k = 0
while True:
    s = input('请输入 q 退出:')
    if s == 'q':
        k += 1
        continue
    else:
        k += 2
        break
print(k)
```

A. 2　　　　　　B. 请输入 q 退出:　C. 3　　　　　　D. 1

46. 以下选项中使 Python 脚本程序转变为可执行程序的第三方库是( )。

A. turtle　　　　B. pyqt　　　　　　C. pyinstaller　　　D. jieba

47. 关于 Python 的复数类型,以下选项中描述错误的是( )。

A. 复数类型表示数学中的复数

B. 复数的虚数部分通过后缀"J"或者"j"来表示

C. 对于复数 z,可以用 z.real 获得它的实数部分

D. 对于复数 z,可以用 z.imag 获得它的实数部分

48. 以下代码的输出结果是( )。

```
x = 12.34
print( type( x ) )
```

A. <class 'complex'>　　　　　　B. <class 'int'>

C. <class 'float'>　　　　　　D. <class 'bool'>

49. 关于 Python 语言数值操作符,以下选项中描述错误的是( )。

A. x/y 表示 x 与 y 之商

B. x//y 表示 x 与 y 之整数商,即不大于 x 与 y 之商的最大整数

C. x**y 表示 x 的 y 次幂,其中,y 必须是整数

D. x%y 表示 x 与 y 之商的余数,也称为模运算

50. 语句"print(0.1＋0.2＝＝0.3)"的执行结果是（　　　）。

A. True 　　　　B. False 　　　　　　C. 1 　　　　　　　　　D. 0

51. 以下选项中值为 False 的是（　　　）。

A. 'abcd'<'ad' 　　　　　　　　　　B. 'abc'<'abcd'

C. ''<'a' 　　　　　　　　　　　　　D. 'Hello'>'hello'

52. 设 x＝10,y＝4,则 x/y 和 x//y 的值分别是（　　　）。

A. 2 和 2.5 　　B. 2.5 和 2 　　　　C. 2 和 2 　　　　　　D. 2.5 和 2.5

53. 表达式"16/4－2＊＊5＊8/4％5//2"的值是（　　　）。

A. 14 　　　　　B. 4 　　　　　　　　C. 20 　　　　　　　　D. 2

54. 在以下 for 语句中,（　　　）不能完成 1～10 的累加功能。

A. for i in ［10,9,8,7,6,5,4,3,2,1］: sum＋＝i

B. for i in range(10,0,－1): sum＋＝i

C. for i in range(1,11): sum＋＝i

D. for i in range(10,0): sum＋＝i

55. 设有以下程序段:

K = 10

while K:

　　K = K－1

print(K)

则下面描述中正确的是（　　　）。

A. while 循环执行 10 次 　　　　　　B. 循环体只执行一次

C. 循环是无限循环 　　　　　　　　　D. 循环体语句一次也不执行

56. 关于分支结构,以下选项中不正确的是（　　　）。

A. if 语句中语句块执行与否依赖于条件判断

B. if 语句中条件部分可以使用任何能够产生 True 和 False 的语句和函数

C. if 语句必须和 else 语句结合使用

D. 分支嵌套可以通过 if-elif-else 语句简化

57. 关于 Python 的循环结构,以下选项中描述错误的是（　　　）。

A. 在 Python 中通过 for、while 等保留字构建循环结构

B. 遍历循环中的遍历结构可以是字符串、文件、组合数据类型和 range( )函数等

C. break 用来结束当前当次语句,但不跳出当前循环体

D. continue 只结束本次循环

58. 下列说法正确的是（　　　）。

A. break 用在 for 语句中,而 continue 用在 while 语句中

B. break 用在 while 语句中,而 continue 用在 for 语句中

C. break 能结束循环,continue 只能结束本次循环

D. continue 能结束循环,break 只能结束本次循环

59. 下面代码的输出结果是（　　　）。

```
for  s  in  "HelloWorld":
    if  s == "W":
            continue
    print(s, end = " ")
```

A. Helloorld    B. Hello              C. World              D. HelloWorld

60. 关于 return 语句以下选项中描述正确的是(      )。

A. 函数中最多只有一个 return 语句 B. 函数必须有一个 return 语句

C. return 只能返回一个值              D. 函数可以没有 return 语句

61. 关于函数,以下选项中描述错误的是(      )。

A. 函数是一段具有特定功能的、可重用的语句组

B. 函数能完成特定的功能,对函数的使用不需要了解函数内部的实现原理,只需了解函数的输入输出方式即可

C. 使用函数的主要目的是减低编程难度和代码重用

D. Python 使用 del 保留字定义一个函数

62. 以下代码输出结果是(      )。

```
def  hello():
    print("Python",end = "*")
def  thr_hello():
    for  i  in  range(3):
        hello()

thr_hello()
```

A. Python * Python * Python *      B. Python * Python *

C. Python *                        D. ***

63. 于 Python 对文件的处理,以下选项中描述错误的是(      )。

A. Python 能够以文本和二进制两种方式处理文件

B. Python 通过内置的 open( )函数打开一个文件

C. 当文件以 w 方式打开时,可以读写该文件

D. 文件使用结束后要用 close( )方法关闭,释放文件的使用授权

64. 分离文件名与路径的方法是(      )。

A. split(path)                      B. splittext(path)

C. splitext(path)                   D. abspath(path)

65. 关于 Python 字符串,以下描述错误的是(      )。

A. 字符串是用一对双引号或者单引号括起来的零个或多个字符

B. 字符串可以保存在变量中,也可以单独存在

C. 输出带有引号的字符串,可以使用转义字符"\"

D. 可以使用 datatype( )测试字符串类型

66. 若字符串 s＝"a\nb\tc",则 len(s)的值是(      )。

A. 7            B. 6            C. 5            D. 3

67. 以下关于字典的描述错误的是(      )。

A. 字典是一种可变的容器,可以存储任意类型对象

B. 每个键值对都用冒号":"分隔,每个键值对之间用逗号","分隔

C. 在键值对中,值必须唯一

D. 在键值对中,键必须是不可变的

68. 关于程序的异常处理,以下选项中描述错误的是(　　　)。

A. 程序异常发生经过妥善处理可以继续执行

B. 异常语句可以与 else 和 finally 保留字配合使用

C. 编程语言中的异常和错误是完全相同的概念

D. Python 通过 try、except 等保留字提供异常处理功能

69. 关于 Python 组合数据类型,以下选项中描述错误的是(　　　)。

A. 组合数据类型可以分为 3 类:序列类型、集合类型和映射类型

B. 序列类型是二维元素向量,元素之间存在先后关系,通过序号访问

C. Python 的 str、tuple 和 list 类型都属于序列类型

D. Python 组合数据类型能够将多个同类型或不同类型的数据组织起来,通过单一的表示使数据操作更有序、更容易

70. 关于 Python 序列类型的通用操作符和函数,以下选项中描述错误的是(　　　)。

A. 如果 x 不是 s 的元素,则"x not in s"返回 True

B. 如果 s 是一个序列,s＝[1,"kate",True],则 s[3]返回 True

C. 如果 s 是一个序列,s＝[1,"kate",True],则 s[－1]返回 True

D. 如果 x 是 s 的元素,"x in s"返回 True

71. 以下选项是 Python 中文分词的第三方库的是(　　　)。

A. jieba　　　　　B. itchat　　　　　C. time　　　　　D. turtle

72. 以下选项中不是 Python 数据分析的第三方库的是(　　　)。

A. numpy　　　　B. scipy　　　　　C. pandas　　　　D. requests

73. 下面代码的输出结果是(　　　)。

```
x = 0o1010
print(x)
```

A. 520　　　　　　B. 1024　　　　　C. 32768　　　　　D. 10

74. 如果当前时间是 2018 年 5 月 1 日 10 点 10 分 9 秒,则下面代码的输出结果是(　　　)。

```
import time
print(time.strftime("%Y=%m-%d@%H>%M>%S",time.gmtime()))
```

A. 2018＝05-01@10>10>09　　　　　　B. 2018＝5-1 10>10>9

C. True@True　　　　　　　　　　　　D. 2018＝5-1@10>10>9

75. 以中国共产党第十九次全国代表大会报告中的一句话作为字符串变量 s,完善 Python 程序,分别用 Python 内置函数及 jieba 库中已有函数计算字符串 s 的中文字符个数及中文词语个数。注意,中文字符包含中文标点符号。

```
import jieba
s = "中国特色社会主义进入新时代,我国社会主要矛盾已经转化为人民日益增长
的美好生活需要和不平衡不充分的发展之间的矛盾。"
n = ____①____
m = ____②____
print("中文字符数为{},中文词语数为{}。".format(n,m))
```

76. 0x4DC0 是一个十六进制数,它对应的 Unicode 编码是中国古老的《易经》64 卦中的第 1 卦,请输出第 51 卦(震卦)对应的 Unicode 编码的二进制、十进制、八进制和十六进制格式。

```
print("二进制{____①____}、十进制{____②____}、八进制{____③____}、十六进制
{____④____}".format(____⑤____))
```

77. 以 123 为随机数种子,随机生成 10 个在 1 到 999(包括 999)之间的随机数,以逗号分隔,打印输出。

```
import random
____①____
for i in range(____②____):
    print(____③____,end = ",")
```

78. 使用 turtle 库的 turtle.circle()函数、turtle.seth()函数和 turtle.left()函数绘制一个四瓣花,效果如下图。

```
import turtle as t
for i in range(____①____):
    t.seth(____②____)
    t.circle(200,90)
    t.left(____③____)
    t.circle(200,90)
```

79. 现有列表 ls＝[123, "456", 12, "789"],补充代码完成对列表中的整数元素求和。

```
ls = [123, "456", 12, "789"]
s = 0
for item in ls:
    if ____①____ == type(123):
        s += ____②____
print(s)
```